# Das Fallmesser der Deutschen Luftwaffe

## Technik und Entwicklung des Fliegerkappmessers

Wolfgang Peter-Michel

FSC
www.fsc.org
MIX
Papier aus verantwortungsvollen Quellen
Paper from responsible sources
FSC® C105338

# Sojabrot und Kaugummi

## Sprungeinsatzverpflegung — lebenswichtig

Das ist die höchst konzentrierte und dabei ebenso bekömmliche wie wirksame Kraft- und Nervennahrung für den Sprungeinsatz: Jagdwurst, Käse, Sojafleischbrot, Kaffee, Schokolade, Zwieback, Zigaretten, Traubenzucker, Kaugummi und Marschgetränk. Diese Sprungeinsatzverpflegung, genau dosiert und sorgfältig verpackt, umgibt keinerlei Geheimnis. Sie hat nichts mit jenem sagenhaften Doping zu tun, von dem der Feind raunt, daß es den deutschen Fallschirmjäger toll ,und hemmungslos und daher gefürchtet tapfer mache. Keine Zauberei also, sondern das Ergebnis gründlicher Forschungsarbeit der Ärzte und Nahrungsmittelchemiker, die dem Fallschirmjäger für seinen nervenanspannenden Sprungeinsatz eine Speisenkarte zusammenstellten, die höchst wertvolle und bekömmliche Dinge für Magen und Nerven enthält

Quelle: *Der Adler*, Heft 12 1943, S. 12

Die Sinnlosigkeit von Kriegen zeigt sich am deutlichsten in ihren Hinterlassenschaften.

Bibliografische Information der Deutschen Nationalbibliothek:
Die Deutsche Nationalbibliothek verzeichnet diese Publikation in der Deutschen Nationalbibliografie; detaillierte bibliografische Daten sind im Internet über http://dnb.d-nb.de abrufbar.

Das Fallmesser der Deutschen Luftwaffe
1. Auflage, korrigierter Nachdruck 2012
ISBN: 978-3-8448-0143-9

Herstellung und Verlag: Books on Demand GmbH, Norderstedt

# Inhalt

# Einleitung

## Zu jedem Fallschirm ein Messer

Dieses Buch behandelt das „Fliegerkappmesser" (FKm), das den gesamten Zweiten Weltkrieg hindurch Ausrüstungsgegenstand des fliegenden Personals der Deutschen Luftwaffe war. Dabei handelt es sich um ein Fallmesser, bei dem die Klinge durch Einwirkung der Schwerkraft nach vorn aus dem Griffstück gleitet. Es sollte, gerade unter deutschen Blankwaffensammlern, eigentlich ein begehrtes Sammlerstück sein. Denn alle deutschen Kriegspiloten trugen dieses Messer, angefangen bei den Jagdfliegerassen wie Adolf Galland, Werner Mölders oder Erich Hartmann bis hin zu den Tausenden von namenlosen Piloten und Besatzungsmitgliedern, die an Bord von deutschen Flugzeugen ihren Dienst taten.

Auch jeder Fallschirmjäger trug eins und verwendete es wahrscheinlich weitaus häufiger als das übrige fliegende Personal der Luftwaffe. Denn bei letzteren war die Verwendung nur für den Fall vorgesehen, dass sie sich mit dem Fallschirm aus ihrem Luftfahrzeug retten mussten und dann auch nur, falls der Gelandete sich damit vom Schirm losschneiden musste, weil sich die Fallschirmleinen beispielsweise in einem Baum oder Gestrüpp verfangen hatten. Bei den Fallschirmjägern, oder genauer „Fallschirmschützen der Luftwaffe", gehörte der Fallschirmsprung natürlich zum Handwerk, weshalb sie weit häufiger ein Kappmesser benötigten. Auch brauchten sie, als kämpfende Truppe an der Front, natürlich ein Messer als Vielzweckwerkzeug und Waffe. Deshalb wird das Fliegerkappmesser der Deutschen Luftwaffe heute oft fälschlich als „Fallschirmjägermesser" bezeichnet, in der irrigen Annahme, nur Görings Luftlandetruppe sei mit damit ausgestattet gewesen. Vielmehr trug es jedoch jeder Angehörige der Luftwaffe bei sich, bei dem, aus welchen Gründen auch immer, ein Fallschirmabsprung notwendig sein konnte.

Dieser Umstand ändert natürlich nichts an der Tatsache, dass das Fallmesser der Luftwaffe auf jeden Fall zum Symbol für die Erfolge der Jagdfliegerasse oder Fallschirmjäger taugen würde. Dennoch ist es den meisten deutschen Messersammlern zwar bekannt, jedoch haben die wenigsten eines davon in ihrer Sammlung oder überhaupt schon mal ein Exemplar in der Hand gehalten. Die Ursache dafür findet sich im bundesdeutschen Waffenrecht der Nachkriegszeit, das nämlich bereits seit über 30 Jahren Fallmesser mit einer Klingenlänge von über 8,5 cm als verbotene Gegenstände eingestuft hat und seit einer 2003 verabschiedeten Novelle den Besitz von allen Arten von Fallmessern gänzlich unter Strafe stellt.

Somit steht interessierten Sammlern nur die Möglichkeit offen, sich um eine der nicht ohne weiteres erhältlichen Ausnahmegenehmigungen zu bemühen. Sinn oder Unsinn des deutschen Waffenrechts ist nicht Thema dieses Buches, dies soll nur als Begründung genügen, warum das in großen Stückzahlen während des Zweiten Weltkriegs geführte Fliegerkappmesser in Deutschland so wenig Aufmerksamkeit erfährt.

Abb. 1: Die erste Ausführung des Fliegerkappmessers (FKm). Sie wurde vermutlich nur in den Jahren 1937 und 1938 hergestellt und ist heute die auf dem Sammlermarkt am häufigsten anzutreffende Variante.

Abb. 2: Die zweite Ausführung aus der Kriegsfertigung. Sie unterscheidet sich im Wesentlichen nur durch die Möglichkeit, das Messer zu Wartungszwecken zu zerlegen.

Abb. 3: Die dritte und letzte vor 1945 entstandene Variante: Sie soll nun offensichtlich nicht mehr als Schneidwerkzeug für Notfälle dienen, sondern als Kampfmesser.

Abb. 4: Die erste Nachkriegsausführung für Fallschirmjäger und Panzerbesatzungen der Bundeswehr, eingeführt 1957. Diverse konstruktive Veränderungen sollten die Mängel der Kriegsmodelle beseitigen.

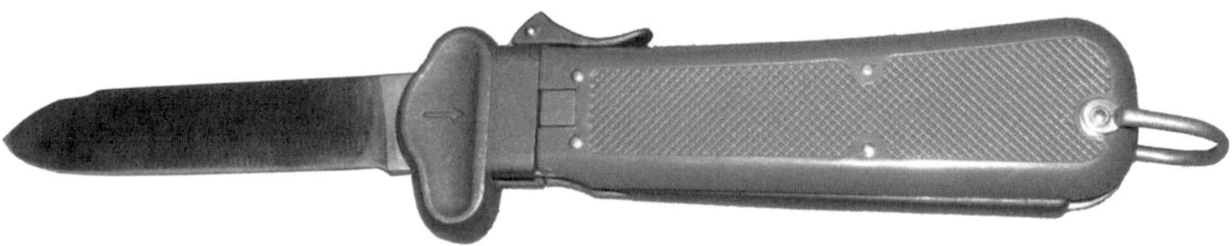

Abb. 5: Die Rückkehr zum Althergebrachten: Zweite Ausführung für die Bundeswehr von 1963. Aussehen und Funktionsweise des Kriegsmodells sind weitestgehend wiederhergestellt.

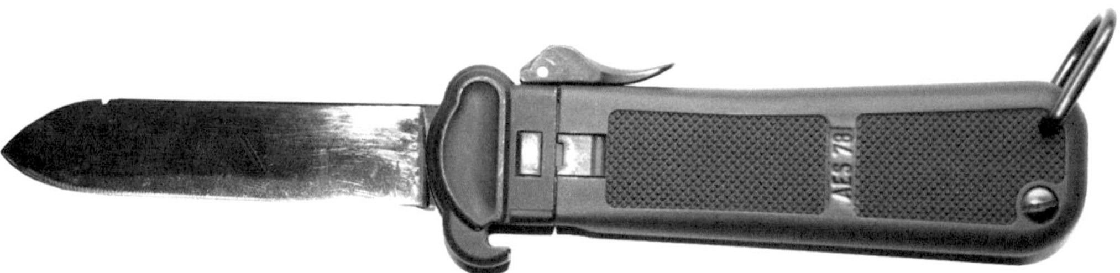


Abb. 6: Mit dieser Ausführung fand die militärische Nutzung des Fallmessers zumindest in Deutschland ihr Ende. Ausführung für den zivilen Markt mit gekürzter Klinge und Flaschenöffner.

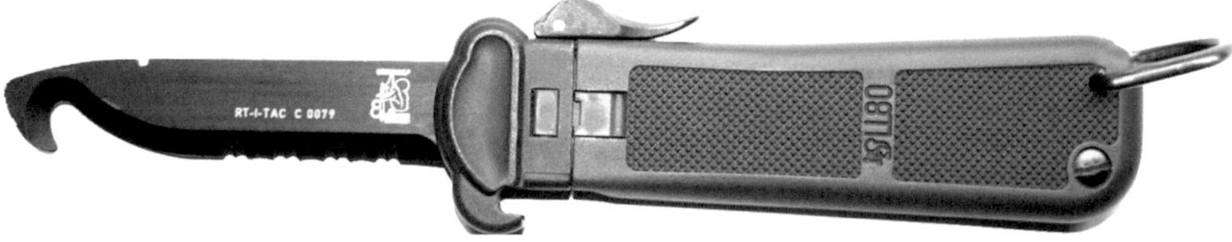


Abb. 7: Aktuell im Handel erhältliche Zivilversion des Fallmessers. Die Verwandschaft zum Ursprungsmodell ist unverkennbar, jedoch forderte das deutsche Waffenrecht seinen Tribut: Die „Rettungsmesserklinge" macht das Messer zum Werkzeug und damit gesetzeskonform.

# Das erste Modell

## Beste Qualität mit kleinem Konstruktionsfehler

Schon am 24. Mai 1937, also lange vor Kriegsausbruch, führte die deutsche Luftwaffe das Fallmesser für ihr fliegendes Personal ein. Anhand der zu diesem Zeitpunkt ausgegebenen frühesten Ausführung des Fliegerkappmessers lässt sich die große Bedeutung ablesen, die die deutschen Machthaber ihrer Luftwaffe beimaßen. Denn das im Grunde eher nebensächliche Werkzeug war nicht nur aus den besten verfügbaren rostfreien Stählen gefertigt, sondern durch seinen speziellen Öffnungsmechanismus auch sehr aufwendig und teuer in der Herstellung. Dies überrascht, sollte es doch nur in seltenen Fällen zum Einsatz kommen.

Mit Datum der Einführung gab das Beschaffungsamt der Luftwaffe auch eine Baubeschreibung für das Messer heraus. Sie vermittelt einen Eindruck von Abmessungen und Funktionsweise des Ausrüstungsstücks:

> *Das gemäß L. Dv. 123 Seite 29 und 31 als Sonderausstattungsstück für das fliegende Personal und für Fallschirmschützen vorgesehene Flieger-Kappmesser wird nach Abschluß der Entwicklung hiermit eingeführt. Die Beschaffenheit des Flieger-Kappmessers wird durch besiegelte Proben und das nachstehend aufgeführte Baumuster festgelegt.*
>
> *Flieger-Kappmesser*
> *Das Flieger-Kappmesser besteht aus:*

| | | |
|---|---|---|
| *1. Klinge* | *Materialstärke* | *4,20 mm* |
| *2. Abdeckplatten* | | *1,10 mm* |
| *3. Metallkasten* | | *1,10 mm* |
| *4. Holzschalen* | | *5,00 mm* |
| *5. Metallkopf* | | |
| *a.) Materialstärke der beiden Backen* | | *4,00 mm* |
| *b.) Gesamtstärke des Metallkopfes* | | *14,40 mm* |
| *6. Zapfen* | *Materialstärke* | *3,00 mm* |
| *7. Schlitz* | *Breite des Schlitzes* | *3,20 mm* |
| *8. Flachfeder* | *Materialstärke* | *1,50 mm* |
| | *Breite* | *7,00 mm* |
| *9. Nocken* | *Materialstärke* | *8,30 mm* |
| | *Breite* | *50 mm* |
| *10. Druckhebel* | *Materialstärke* | *10,10 mm* |
| *11. Aufreiber* | *Materialstärke 5,50 mm* | |
| *12. Angel des Aufreibers* | *Materialstärke 5,50 mm* | |

Abb. 8 und 9: Diese Ausführung ist die am häufigsten anzutreffende Variante des deutschen Fliegerkappmessers (FKm). Die Hersteller Paul Weyersberg und Solinger Metallwaren Fabrik (SMF) fertigten den größten Teil davon. Ihr deutlichstes Unterscheidungsmerkmal gegenüber späteren Varianten ist die fehlende Möglichkeit, sie ohne Werkzeug zerlegen zu können. Dies war zugleich der größte Schwachpunkt dieser ersten Ausführung, denn im Frontgebrauch neigte sie aufgrund von eingedrungenem Schmutz zum Versagen.

| | | |
|---|---|---|
| *13. Feder für den Aufreiber* | | *5,50 mm* |
| *14. Niete* | *Materialstärke* | *4,00 mm* |
| *15. Bügel* | *Materialstärke* | *3,50 mm* |

*Gewicht* *0,250 kg*
*Sämtliche Metallteile werden aus rostfreiem Stahl hergestellt.*

*Die Klinge gleitet in einem an 3 Seiten geschlossenen und auf der oberen und unteren Breitseite mit Abdeckplatten versehenen Metallkasten mit aufgenieteten Holzschalen. An seinem offenen Ende ist der Metallkasten mit einem verbreiterten Metallkopf versehen. Die Führung beim Gleiten ist durch einen querstehenden Zapfen am unteren Ende der Klinge gegeben, der in einem an dem Boden des Kastens angebrachten Schlitz eingreift. Im geöffneten Zustande wird die Klinge gleichzeitig durch diesen Zapfen im Messerheft festgehalten. Auf der Schmalseite des Metallkastens befindet sich eine gewinkelte Flachfeder, die in der Schließstellung mit ihrem abgebogenen Ende bis an die abgeschrägte Rückenkante der Klinge heranreicht, wodurch ein Herausfallen der Klinge aus dem Metallkasten verhütet wird. In der Offenstellung verhindert das abgebogene Ende der Schließfeder gleichzeitig ein Zurückfallen der Klinge in den Metallkasten und bewirkt zugleich mit dem Zapfen, daß die Klinge feststeht.*
*Das freie Ende der Flachfeder ist als Nocken ausgebildet, an dem ein umlegbarer Druckhebel angebracht ist. Wird der Druckhebel nach oben umgelegt, so wird dadurch das abgewinkelte Ende der Flachfeder aus dem Metallkasten herausgehoben. Dadurch wird die Klinge freigegeben und kann aus der Schließstellung in die Offenstellung und aus dieser wieder in die Schließstellung gleiten. Der Druckhebel ist an dem Messerheft so angebracht, daß er mit der das Flieger-Kappmesser haltenden Hand betätigt werden kann.*
*Das Flieger-Kappmesser ist ferner mit einem umlegbaren Aufreiber (Ahle) ausgestattet, der in seiner Ruhestellung auf der federlosen Schmalseite des Messerkastens liegt und in der Ruhe- und Gebrauchsstellung mit seiner Angel gegen eine Feder feststeht, die in der Verlängerung der Flachfeder an der Schmalseite des Messerkastens befestigt ist. Der Aufreiber wird von den aufgelegten Holzschalen teilweise verdeckt. Die Spitze ist ganz in die Holzschalen eingebettet. Eine an der unteren Holzschale angebrachte Ausbuchtung ermöglicht es, den Aufreiber zu öffnen. Er wird mit seiner Angel durch eine kräftige Niete gehalten, diese dient gleichzeitig zur Befestigung eines Bügels.*

*Unterbringung des Flieger-Kappmessers und der Verbandspäckchen im Fliegerschutzanzug (Kombination) siehe Erlaß LD Nr. 41976/37 IV, 3b vom 20. Mai 1937 (nachstehend).*

*Wegen des planmäßigen Liefersolls siehe L. Dv. 423 (L. Befl. B.) Anlage 3 und 4.*

*Die L. Dv. 422 (L. A. D.) Abschnitt A, Anhang 1 Nr. 45 (Flieger-Kappmesser) wird durch Deckblätter ergänzt.*

*Der R. d. L. u. Db. d. L. 24.5.37, LD Nr. 41976/37 IV 3b.*

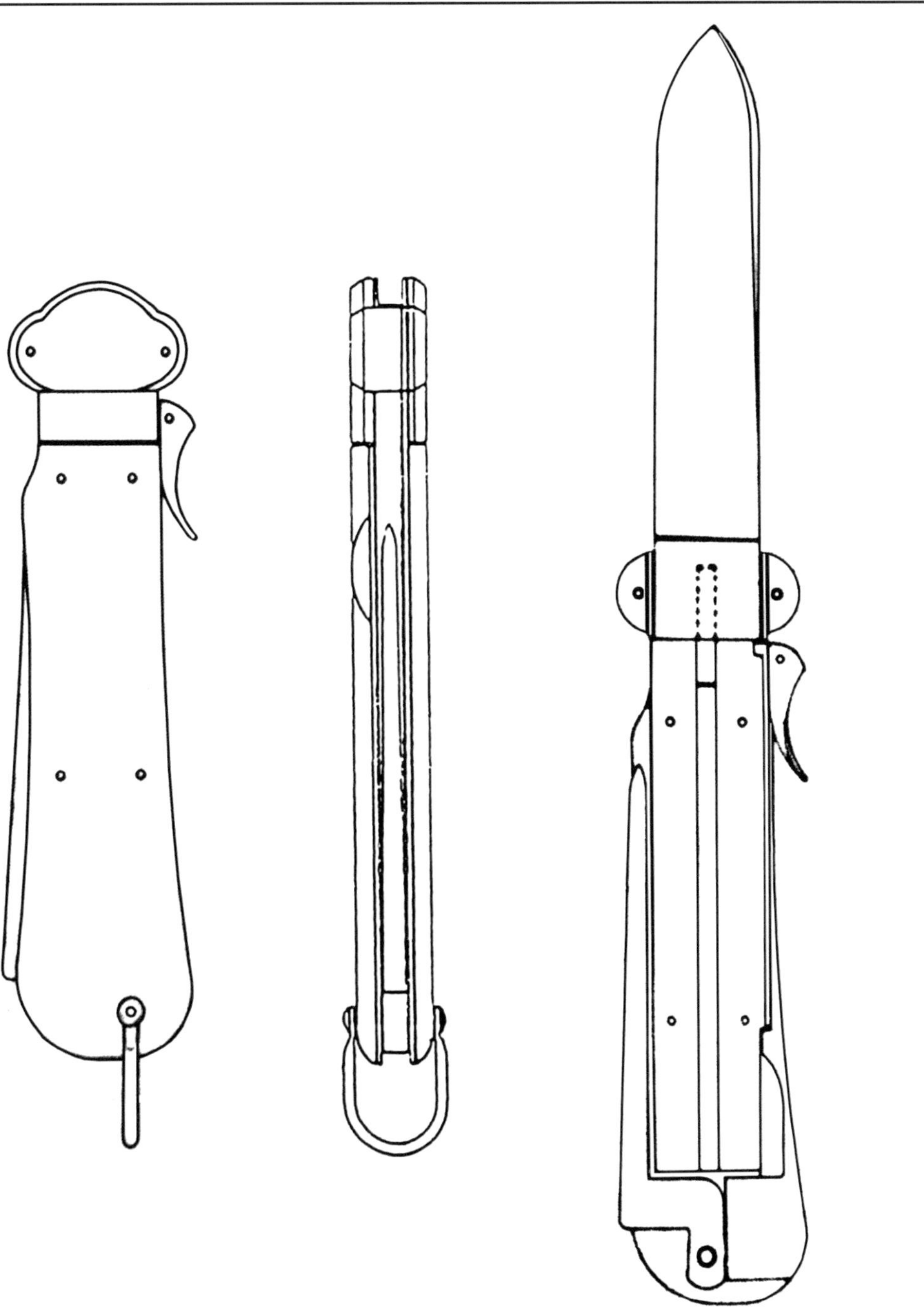

Abb. 10: Die in der Baubeschreibung vom 24. Mai 1937 enthaltene Zeichnung des FKm.

Im Grunde besteht das Messer also aus einer Gleitschiene, in der eine Klinge vor- und zurückgleiten kann. Ein durch einen Hebel zu bedienender Verschlussmechanismus arretiert sie im ein- oder ausgefahrenen Zustand. Auf die Gleitschiene sind Holzgriffschalen aufgenietet, um die Handlichkeit des Messers zu erhöhen. Bei den ersten gefertigten Messern bestehen sie meistens aus hochwertigem Nussbaumholz, auch dies ein Zeichen für die Wertschätzung, die Luftwaffenangehörige bei der militärischen Führung genossen. Erst im Zuge der Massenproduktion fand irgendwann auch simples Buchenholz Verwendung. Die Klinge besteht aus dem in ausgefahrenem Zustand von außen sichtbaren, einschneidig geschärften Teil sowie einem exakt rechtwinklig geschliffenen Gleitstück, das dem Innenmaß der Gleitschiene entspricht. Es weist auf einer Breitseite eine eingenietete Führungsnase auf, die in eine Längsnut in der Gleitschiene eingreift und verhindert, dass die Klinge nach vorne aus dem Griffstück herausfällt. Bei dem ersten Modell ist das Gleitstück noch mit etwas Spiel in die Führungsschiene eingepasst. Denn

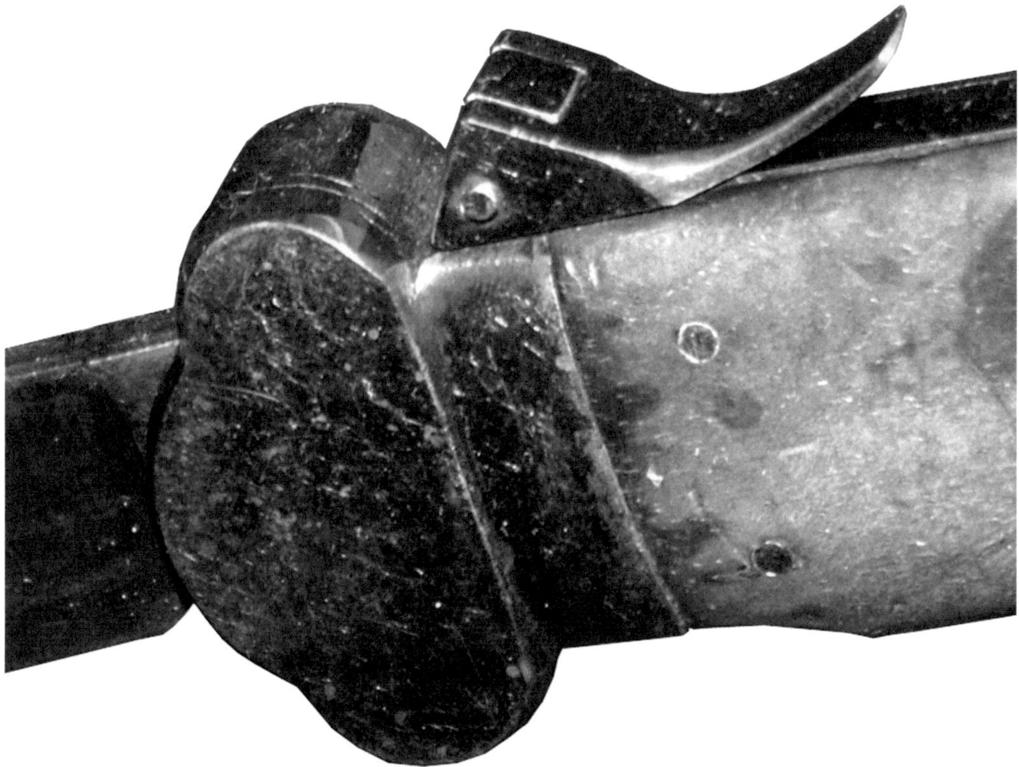

Abb. 11: Der Auslösehebel erlaubte die einhändige Bedienung des Messers – auch mit fellgefütterten Handschuhen.

das Messer war ohne Werkzeug nicht zerlegbar, weshalb es der Verwender nur äußerlich reinigen und eventuell in das Innere gelangten Schmutz nicht entfernen konnte. Um etwaige dadurch hervorgerufene Funktionsstörungen zu vermeiden, wackelt bei diesen Exemplaren die Klinge im ausgefahrenen, arretierten Zustand ein wenig. Fasst man das Messer mit der einen Hand am Griff und mit der anderen an der Klingenspitze, so lässt diese sich leicht hin und her bewegen. Die Gebrauchsfähigkeit leidet darunter allerdings nicht im mindesten.
Da diese Messer ansonsten mit niedrigsten Toleranzen gefertigt sind, muss das große Klingenspiel von den Konstrukteuren gewünscht gewesen sein, um auch unter widrigsten Bedingungen die Funktionssicherheit ihres Produkts gewährleisten zu können.[1]

Die fehlende Möglichkeit zum Zerlegen ist beim ersten Typ des Luftwaffe-Fallmessers das wichtigste äußerliche Unterscheidungsmerkmal. Die Messer der ersten Serie tragen die Marken verschiedener Hersteller, meist die der „Solinger Metallwaren Fabrik“ (SMF) und der ebenfalls in der westdeutschen Klingenmetropole angesiedelten Firma Paul Weyersberg. Diese beiden Unternehmen müssen den Löwenanteil aller Ausführungen des Fliegerkappmessers her-

Abb. 12: Die Klinge des Fliegerkappmessers war mit ihren rund 4 mm Stärke schwer genug, um bei Betätigung des Auslösehebels zuverlässig aus dem Griffstück zu gleiten.

1 Vgl. Pattarozzi 2006, S. 82

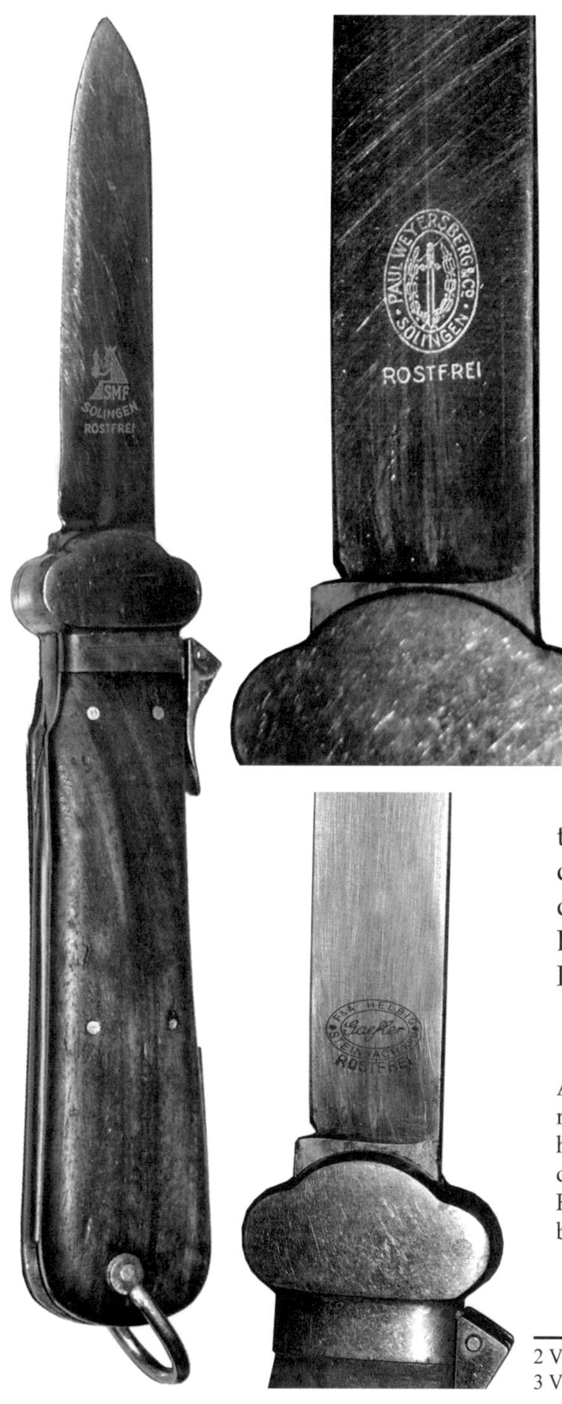


gestellt haben, findet sich ihr Markenzeichen doch am häufigsten auf den erhaltenen Exemplaren. Weitere Hersteller waren Paul Seilheimer, Anton Wingen, Alcoso, F&A Helbig, Malsch & Ambronn sowie Carl Eickhorn.[2]

Die Luftwaffe hat die erste Ausführung des Fliegerkappmessers nur von 1937 bis etwa Ende 1938 bei den verschiedenen Herstellern eingekauft. Diese Version wurde auch direkt mit Beginn der Beschaffung an Flugzeugbesatzungen und Fallschirmjäger ausgegeben und den ganzen Krieg hindurch verwendet. Ganz frühe Exemplare erhielten noch den Abnahmestempel mit dem „Weimarer" Reichsadler über der Nummer des jeweils prüfenden Luftwaffenamtes, in den meisten Fällen 5 oder 8.[3]

Abb. 13, 14 und 15: Die meisten Fliegerkappmesser scheinen von SMF und Weyersberg hergestellt worden zu sein – zumindest trägt die Mehrzahl der erhaltenen Messer diese Firmenzeichen. Das Markenzeichen von Helbig findet sich schon weit seltener.

2 Vgl. Pattarozzi 2006, S. 53
3 Vgl. Franz 2002, S. 70

Schon bald wechselte dieser Stempel zu dem viel stärker stilisierten Reichsadler, der nur aus wenigen geraden Linien bestand. Dieser Adler steht über einem „L" und den Ziffern 5 oder 8. Der Wechsel von der frühen zur späteren Stempelung scheint gegen Anfang des Jahres 1938 erfolgt zu sein, also nur wenige Monate nach Aufnahme der Produktion.[4] Entsprechend sind die mit dem „Weimarer" Adler gestempelten Messer äußerst selten zu finden. Die unterschiedlichen Abnahmestempel stellen die einzige Möglichkeit dar, Exemplare des ersten Modells genauer zu datieren. Welche Herstellermarke die Messer tragen oder ob sie Nussbaum- oder Buchengriffschalen aufweisen, lässt keine weiteren Rückschlüsse auf den Fertigungszeitraum zu oder die Einheit an die sie ausgegeben wurden.

Abb. 16: Ausgesprochene Rarität: Der „Weimarer Adler" findet sich nur an wenigen FKm als Abnahmestempel.

Eine genauere Untersuchung eines Fliegerkappmessers führt beim 1. Modell wie auch bei allen folgenden Ausführungen zu der Feststellung, dass bestimmte Einzelteile stets eingeprägte drei- bis vierstellige Nummern tragen. Dabei handelt es sich nicht, wie häufig angenommen, um Seriennummern, sondern schlicht um Montagenummern, die die zu einem bestimmten Messer gehörigen Einzelteile innerhalb einer Fertigungsreihe zusammenzeichneten. Dass die Nummern immer nur im Umfang einer Tranche vergeben wurden, zeigt sich an der Tatsache, dass in Einzelfällen zwei Messer

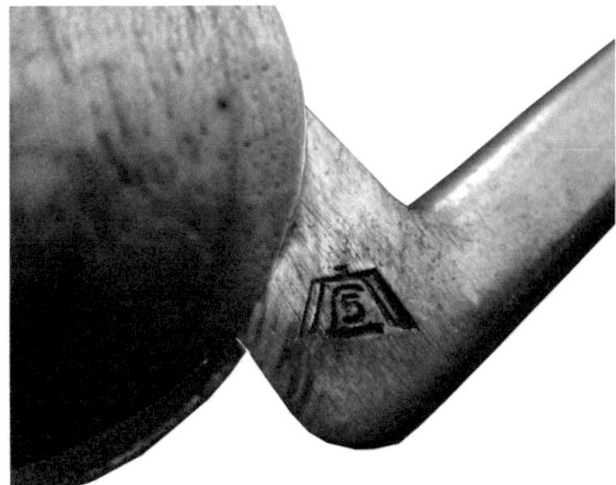

Abb. 17: Der Regelfall: Reichsadler über dem Buchstaben „L" und der Nummer der zuständigen Abnahmestelle.

4 Vgl Pattarozzi 2006, S. 53

Abb. 18: Montagenummer auf der Unterseite des Auslösehebels eines 1. Modells.

eines Herstellers mit identischen Nummern zu finden sind. Aus diesem Grund kann es sich bei den eingestempelten Zahlen auch nicht um Seriennummern handeln.

Die Vergabe von Montagenummern war erforderlich, weil die Teile aufgrund des hohen Anteils an Handarbeit in der Produktion nicht untereinander austauschbar waren. Viele der Hersteller lagerten auch traditionell Teile der Produktion an kleine Handwerksbetriebe in der Umgebung aus. Somit war es umso wichtiger, zusammengehörige Teile identifizieren zu können. Die Baugruppe aus Klingenverriegelung mit Auslösehebel trägt jedoch stets separate Nummern. Denn sie ist im Gegensatz zu den anderen Teilen austauschbar, musste also nicht von Hand in das Messer eingepasst werden.

Bei einem durchweg nummerngleichen Messer wird es sich also in den meisten Fällen um eine Fälschung handeln, oder um ein unvollständig erhaltenes Original, das von Expertenhand mit nachgefertigten Teilen komplettiert wurde. Beim 1. Modell finden sich die Montagenummern grundsätzlich nur auf dem Gleitstück der Klinge, der Führungsschiene, dem Dorn sowie der Klingenverriegelung und dem Auslösehebel. Auf letzterem findet sich an manchen Messern, die die Solinger Metallwaren Fabrik (SMF) herstellte, noch eine weitere Nummer. Die Ziffer 0, 1, 2, 3, 4 oder 5 ist bei ihnen auf der Unterseite des Hebels eingeschlagen, und zwar vor der Montagenummer auf der Unterseite des geschweiften Daumenstücks. Der Zweck, den diese Nummerierungen einst erfüllten, ist bis heute ungeklärt. Da die Abmessungen von Auslösehebeln mit verschiedenen Nummerierungen weitestgehend identisch sind, kann es sich bei den Nummern nicht um Klassifizierungen unterschiedlicher Varianten handeln. Möglicherweise markierten sie innerhalb einzelner Tranchen Serien, die für bestimmte Dienststellen oder Abnehmer innerhalb der Luftwaffe vorgesehen waren.

Das Fliegerkappmesser war fester Bestandteil der Notausrüstung eines jeden Fliegers. Daher war es verpflichtend, es, neben vielen anderen Ausrüstungsgegenständen, auf jedem Flug mitzuführen. Das Soldbuch eines jeden Luftwaffenangehörigen enthielt auf Seite 6d, Spalte 12, ein entsprechendes Feld, in dem die Ausgabe eines Fliegerkappmessers vermerkt wurde.

Zur Notfallausrüstung gehörten auch Verbandspäckchen, Notration, Signalpistole mit Munition, zwei Rauchpatronen, Signalflagge sowie zwei Farbbeutel (um bei Fallschirmlandung im Wasser einen Farbfleck zu erzeugen, der Suchmannschaften das Auffinden erleichtern sollte). Für die meisten dieser Objekte waren in der Fliegermontur spezielle Taschen vorgesehen. Die für das Fliegerkappmesser befand sich an der Seite des rechten Oberschenkels. An ihr war ein Fangriemen (im Dienstdeutsch „Halteabzugsleine“) angebracht. Eine Dienstanweisung gab die mit Einführung des Messers verordneten Änderungen an den Fliegerkombinationen bekannt. Denn das neue Ausrüstungsstück sollte seinen festen Platz finden:

Abb. 19: Der „Flieger-Schutzanzug für Sommer (Kombination)“ mit zugehöriger Ausrüstung. Sein Zuschnitt wurde mit Einführung des Fliegerkappmessers per Dienstanweisung geändert.

***667 – Unterbringung von Flieger-Kappmesser und Verbandspäckchen im Flieger-Schutzanzug (Kombination)***

*Im Flieger-Schutzanzug sind unterzubringen:*

*Das Flieger-Kappmesser in einer besonderen Tasche mit Reißverschluß in der rechten Hosenseitennaht.*

*Die Verbandspäckchen in einer besonderen Tasche mit Reißverschluß in der linken Hosenseitennaht.*

*Öffnungsrichtung der Reißverschlüsse der Taschen von unten nach oben.*

*Die L. Dv. 422 (L. A. D:) Abschnitt A, Anhang 1 ist wie folgt zu ergänzen:*

*Nr. 8 Flieger-Schutzanzug für Sommer (Kombination)*

*Auf S. 30 ist im Abschnitt – 7. Taschen – unter dem Absatz – b.) Oberschenkeltasche – letzter Satz: „Der Taschenbesatz soll 6 cm breit sein.", aufzunehmen:*

***c.) Tasche für Flieger-Kappmesser:***
*Aus Grundstoff – Belveton – in der rechten Hosenseitennaht, mit einem 20 cm langen Reißverschluß versehen, der von unten nach oben geöffnet wird. Durch die Öse des Reißverschlußschiebers wird eine Lederlasche gezogen und doppelt zusammengesteppt. Die obere Eingriffseite ist etwa 2 cm tiefer als der Eingriff der Oberschenkeltasche.*
*Die innere kleine Messertasche wird auf der Taschenunterlage festgesteppt.*
*Sie ist oben 4,7 cm, in der Mitte 4,3 cm und unten 4,5 cm breit.*

*Die Taschenunterlage ist etwa 28 cm lang, oben 8,5 cm, unten etwa 17 cm breit und muß in der ganzen Länge auch unter der kleinen Messertasche 1,5 cm völlig angebracht werden, sie ist in der Mitte unter der kleinen Messertasche in einem kurzen Abnäher anzunähen. Die Eingriffkante der kleinen Messertasche wird durch Seidenband verstärkt, nach außen umgelegt und etwa 1 cm breit durchgesteppt. Die Taschenunterlage wird mit der aufgesteppten kleinen Messertasche durch die Vorderhose 2,5 cm, durch die Hinterhose in der Richtung der vorderen Ecke 8 cm und in der Richtung der oberen Ecke 2 cm über- und 2 cm unterhalb der Eingriffsecken durchgesteppt. Von der Steppnaht der Taschenunterlage in der Vorderhose ist die untere Mitte der kleinen Messertasche 7 cm, die obere Mitte (Eingriff) 4 cm entfernt. Die Höhe der kleinen Messertasche beträgt, vom Handriegel des unteren Reißverschlusses ab gemessen bis zur vorderen Eingriffsecke 6,5 cm und bis zur hinteren Eingriffsecke 8,5 cm.*

*Um der Flieger-Kappmessertasche einen festen Halt zu geben, wird eine Unterlage aus*

*Köperstoff angebracht, die von der Oberschenkeltasche bis zur Flieger-Kappmessertasche reicht. Die Eingriffsecken der kleinen Messertasche und die Ecken des Reißverschlusses erhalten Handriegel mit einer Unterlage. Alle Nähte sind einzufügen, damit sie nicht ausfransen.*
*Das Flieger-Kappmesser wird mit dem angelegten Druckhebel nach unten und nach hinten zeigend in die Tasche eingeführt.*

***Tasche für Verbandspäckchen:***
*Aus Grundstoff – Belveton – in der linken Hosenseitennaht, etwa in gleicher Höhe des Eingriffs der Oberschenkeltasche, mit einem 25 cm langen Reißverschluß, der von unten nach oben geöffnet wird, eingesteppt. Durch den Reißverschlußschieber wird eine Lederlasche gezogen und doppelt zusammengesteppt. Die Taschenunterlage ist etwa 32 cm lang und etwa 27 cm breit, sie wird an dem Reißverschlußband der Vorderhose angebracht. In der Tasche sind zwei Schlaufen aus Kalbsleder, etwa 4 cm breit und 15 cm lang, zur Aufnahme der Verbandspäckchen angebracht. Die Schlaufen werden mit dem einen Ende mit der Fleischseite auf die Taschenunterlage, etwa 5 cm von der unteren und 5 cm von der oberen Reißverschlußecke und 13 cm von der Reißverschlußmitte gemessen, in 4 cm Länge und Breite einfach aufgesteppt. Das offene Schlaufenende wird mit der Narbenseite neben dem ersten Schlaufenende zweimal schmal aufgesteppt. Nach dem Aufsteppen der Schlaufen wird die Taschenunterlage an dem Reißverschlußband der Hinterhose etwa 2,5 cm, auf der Hinterhose etwa 10 cm, von der Reißverschlußmitte aus gemessen, 1 cm eingefügt und zusammengenäht. Die Reißverschlußenden sowie die aufgesteppten Lederschlaufen erhalten Handriegel mit Unterlagen.*

*Nr. 9 Flieger-Schutzanzug – Land – Für Winter (Kombination)*

*Auf Seite 35 ist unter dem Absatz c.) Oberschenkeltaschen, letzter Satz:*
*„Verschluß durch geschweifte Patte mit Kopf in der Mitte", einzufügen:*

***Tasche für Flieger-Kappmesser:***
*Aus Grundstoff – Belveton – in der rechten Hosenseitennaht mit einem 20 cm langen Reißverschluß, der von unten nach oben geöffnet wird. Durch die Öse des Reißverschlußschiebers wird eine Lederlasche gezogen und doppelt zusammengesteppt.*
*Die obere Eingriffsecke ist etwa 2 cm tiefer als der Eingriff der Oberschenkeltasche.*
*Die innere kleine Messertasche wird auf der Taschenunterlage festgesteppt, sie ist oben 4,7 cm, in der Mitte 1,3 cm und unten 4,5 cm breit.*

Abb. 20: An der Seite des rechten Oberschenkels befindet sich ein Reißverschluss, der von unten nach oben geöffnet wird. In der Tasche befindet sich die Messertasche für das FKm.

Abb. 21: Linke Oberschenkelseite mit Tasche für Verbandspäckchen.

*Die Taschenunterlage ist etwa 26 cm lang, oben etwa 6,5 cm und unten etwa 15 cm breit, sie muß in der ganzen Länge auch unter der kleinen Messertasche 1,5 cm völlig angebracht werden und ist in der Mitte unter der kleinen Messertasche in einem kurzen Abnäher anzunähen. Die Eingriffkante der kleinen Messertasche wird durch Seidenband verstärkt, nach außen umgelegt und etwa 1 cm breit durchgesteppt. Die Taschenunterlage wird mit der aufgesteppten kleinen Messertasche durch die Vorderhose 2,5 cm, durch die Hinterhose in der Richtung der unteren Ecken 8 cm und in der Richtung der oberen Ecken 2 cm von der Reißverschlußmitte aus gemessen und etwa 2 cm über und 2 cm unterhalb der Eingriffsecken durchgesteppt. Von der Steppnaht der Taschenunterlage in der Vorderhose ist die untere Mitte der kleinen Messertasche 7 cm, die obere Mitte (Eingriff) 4 cm entfernt. Die Höhe der kleinen Messertasche beträgt, vom Handriegel des unteren Reißverschlusses ab gemessen bis zur vorderen Eingriffsecke 6,5 cm und bis zur hinteren Eingriffsecke 8,5 cm.*
*Um der Flieger-Kappmessertasche einen festen Halt zu geben, wird eine Unterlage aus Köperstoff angebracht, die von der Oberschenkeltasche bis zur Flieger-Kappmessertasche reicht. Die Eingriffsecken der kleinen Messertasche und die Ecken des Reißverschlusses erhalten Handriegel mit Unterlagen.*
*Das Flieger-Kappmesser wird mit dem angelegten Druckhebel nach unten und nach hinten zeigend in die Tasche eingeführt.*

***Tasche für Verbandspäckchen:***
*Aus Grundstoff – Belveton – in der linken Hosenseitennaht, etwa in gleicher Höhe des Eingriffs der Oberschenkeltasche, mit einem 25 cm langen Reißverschluß, der von unten nach oben geöffnet wird, eingesteppt. Durch die Öse des Reißverschlußschiebers wird eine Lederlasche gezogen und doppelt zusammengesteppt. Die Taschenunterlage ist 30 cm lang und 25 cm breit; sie wird an dem Reißverschlußband der Vorderhose angenäht. In der Tasche sind zwei Schlaufen aus Kalbsleder, etwa 4 cm breit und 15 cm lang, zur Aufnahme der Verbandspäckchen angebracht. Die Schlaufen werden mit dem einen Ende mit der Fleischseite auf die Taschenunterlage, etwa 5 cm von der unteren und 5 cm von der oberen Reißverschlußecke und 13 cm von der Reißverschlußmitte gemessen, in 4 cm Länge und Breite einfach aufgesteppt. Das offene Schlaufenende wird mit der Narbenseite neben dem ersten Schlaufenende zweimal schmal aufgesteppt. Nach dem Aufsteppen der Schlaufen wird die Taschenunterlage an dem Reißverschlußband der Hinterhose etwa 2,5 cm, auf der Hinterhose etwa 10 cm, von der Reißverschlußmitte aus gemessen, 1 cm eingefügt und zusammengenäht. Die Reißverschlußenden sowie die aufgesteppten Lederschlaufen erhalten Handriegel mit Unterlagen.*

*Nr. 10 Flieger-Schutzanzug – See – Für Winter (Kombination)*

*Auf Seite 40 ist im Abschnitt – 6. Taschen – unter dem Absatz b.) Oberschenkeltasche, letzter Satz: „Die Taschentiefe beträgt vom Eingriff bis zur unteren Kante 22 cm.“, aufzunehmen:*

***Tasche für Flieger-Kappmesser:***
*Gleicher Art wie bei Flieger-Schutzanzug – Land – Für Winter (Kombination)*

*[…]*

*Die Ausgabe von Deckblättern bleibt vorbehalten. Die Hauptstelle für Beschaffung von Bekleidung und Ausrüstung für die Luftwaffe, Berlin, ist angewiesen, künftig Flieger-Schutzanzüge mit den entsprechenden Taschen für Flieger-Kappmesser und Verbandspäckchen zu beschaffen. Von einer Änderung der den Wehrmachtstruppenteilen bisher gelieferten Flieger-Schutzanzügen ist abzusehen: Flieger-Kappmesser und Verbandspäckchen sind in den Oberschenkeltaschen dieser Flieger-Schutzanzüge unterzubringen.*

*Der R. Der Lu. Ob. D. L., 20.5.37, L. D. Nr. 41976/37 IV, 3 b*

Das erste Modell des Fliegerkappmessers ist die verbreitetste Ausführung des deutschen Fallmessers, oder zumindest diejenige, von der sich bis in die heutige Zeit die meisten Exemplare erhalten haben. Diese Messer wurden ausschließlich aus rostfreiem Stahl hergestellt. Ein Fallmesser mit den Merkmalen des 1. Modells, bei dem einzelne oder alle Metallteile aus Karbonstahl bestehen, wurde entweder mit Komponenten eines anderen Messers bestückt oder es handelt sich um eine Fälschung. Da weder die Anzahl der von den Beschaffungsämtern der Luftwaffe eingekauften Messer noch Fertigungszahlen der einzelnen Hersteller bekannt sind, drängt sich der Rückschluss auf, dass die erste Ausführung des Fliegerkappmessers auch die meistgebaute war. Ihre Fertigung wird für den Zeitraum von 1937 bis 1941 angenommen, was zu dem Schluss führt, dass die Luftwaffe vor Kriegsausbruch und in den ersten Kriegsjahren die für die Sollstärke des fliegenden Personals benötigten Messer in mehreren großen Tranchen herstellen ließ. Von 1941 bis Kriegsende könnten dann nur noch kleinere Kontingente, beispielsweise zum Ersatz von beschädigten oder im Einsatz verlorengegangenen Messern, in Auftrag gegeben worden sein.

Abb. 22: Alle Exemplare des 1. Modells bestehen ausschließlich aus rostfreiem Stahl. Sofern sie imit einem Firmenzeichen versehen sind, tragen sie auch die Aufschrift „Rostfrei".

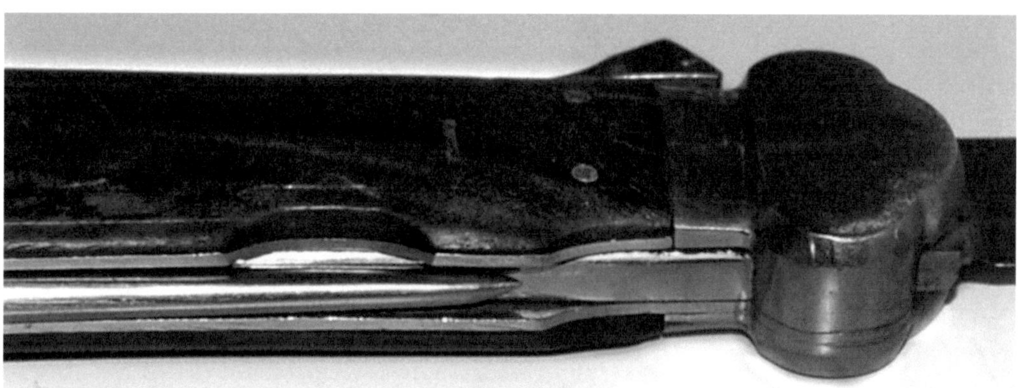

Abb. 23: Die Platinen des Griffstücks reichen bis in das Backenstück. Dort sind sie mit Klingenführung und Backen vernietet. Der Dorn liegt seitlich an der Klingenführung an. Eine Ausfräsung in der oberen Griffschale erleichtert das Öffnen.

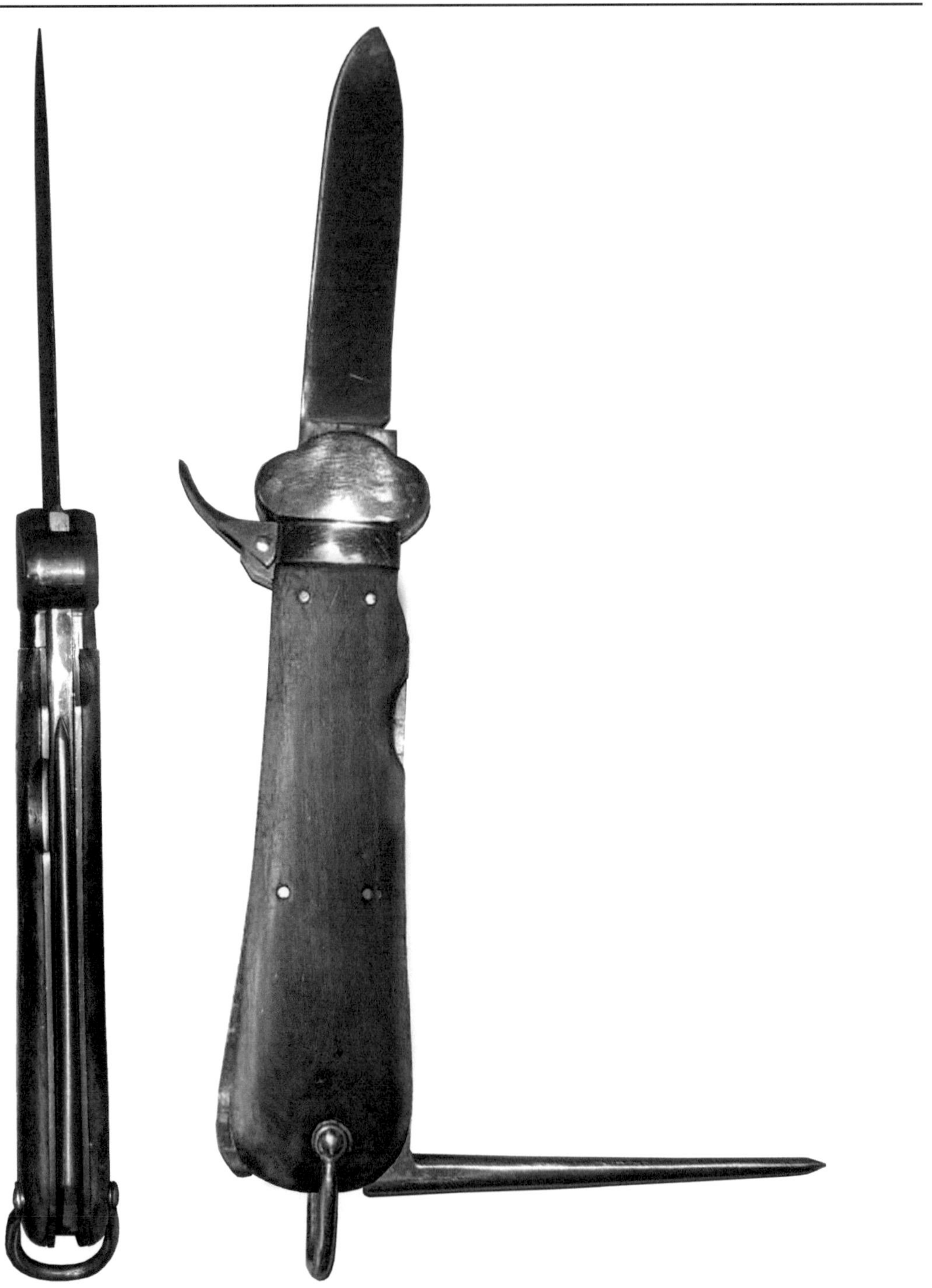

Abb. 26: Der Niet des Riemenbügels ist zugleich auch Achse des Dorns.

Abb. 27: In eingeklappter Position liegt die Spitze des Dorns geschützt zwischen den Platinen.

Abb. 24 und 25: Linke Seite: Der Dorn ließ sich in einem Winkel von bis zu 180° öffnen. Ob er in der Praxis häufig zum intendierten Zweck, nämlich dem Lösen von Knoten, verwendet wurde, ist zu bezweifeln. Da er nicht feststellbar ist, war er jedoch auch als Waffe nicht einsetzbar. Somit lag es im Ermessen eines jeden Verwenders, wozu er dieses Zusatzwerkzeug einsetzte.

# Das zweite Modell

## Perfekte Konstruktion, aber kriegsbedingter Qualitätsverlust

Etwa Mitte des Jahres 1941 muss den Verantwortlichen bei der Luftwaffe klargeworden sein, dass die fehlende Zerlegbarkeit des Fliegerkappmessers einen wirklichen Nachteil darstellte. Denn mehr oder weniger von heute auf morgen muss die Behörde die Konstruktion geändert und die Modifikation bei laufender Produktion an die Hersteller weitergegeben haben. Darauf weisen einige erhalten gebliebene Exemplare der ersten Ausführung hin, die am vorderen Ende der Gleitschiene zwei Bohrungen aufweisen, die zur Montage der nicht zerlegbaren Variante erforderlich waren. An der verbesserten, nunmehr zerlegbaren Ausführung sind diese Bohrungen funktionslos. Also muss der Hersteller hier bereits gefertigte Teile der ersten Ausführung zur Verwendung am Folgemodell modifiziert haben. Fliegerkappmesser der ersten Ausführung, die nachträglich noch mit einer Zerlegemöglichkeit ausgestattet worden wären, sind bislang nicht bekannt. Somit scheint die Luftwaffenführung zwar sehr kurzfristig die Fertigung umgestellt, nicht jedoch geplant zu haben, die zu Tausenden bereits eingekauften

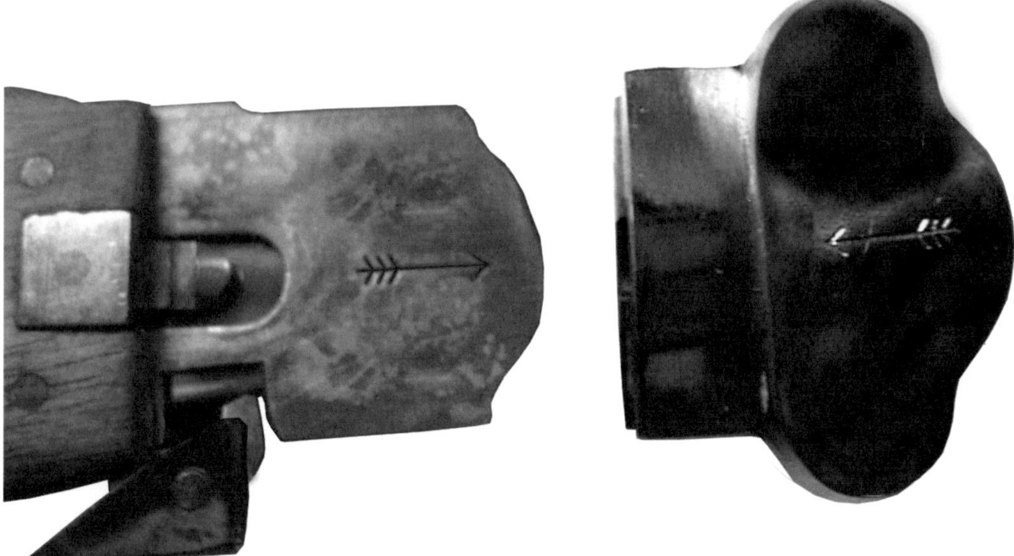

Abb. 28: Exemplar des 2. Modells mit abgenommenem Backenstück. Nach Lösen der in die Griffschale eingelassenen Federklinke kann es abgezogen werden. Die Pfeilmarkierungen sollen den Zusammenbau erleichtern.

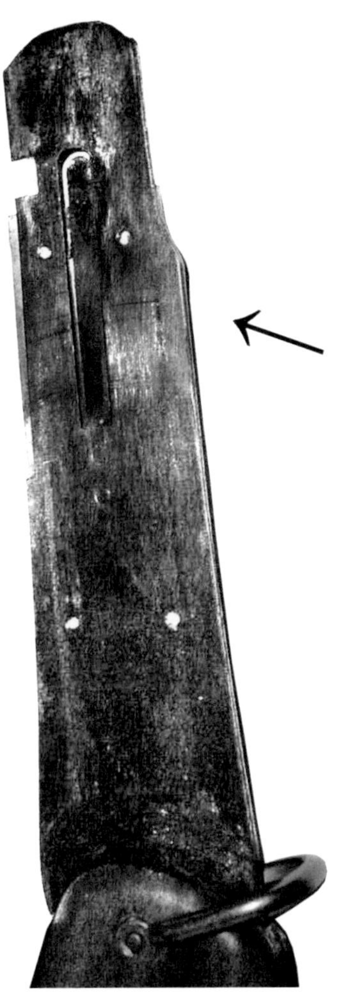

Abb. 29: Auf der Unterseite einer der beiden Platinen dieses 2. Modells zeigen sich halbkreisförmige Kratzer (Pfeil). Sie wurden durch häufiges Zerlegen verursacht - ein Zeichen, dass es die früheren Besitzer für nötig erachteten, das Innenleben ihres Messers regelmäßig zu reinigen.

Messer umzurüsten.[5] Das ab Mitte 1941 gefertigte zweite Modell des Fliegerkappmessers unterscheidet sich rein äußerlich nur geringfügig von seinem Vorgänger. Lediglich auf einer Griffseite ist am Übergang der Griffschale zu den Backen eine kleine Metallplatte zu erkennen. Diese kann der Besitzer mit einem spitzen Gegenstand eindrücken und damit die Federklinke lösen, die die Backen am Griffstück hält. Denn waren diese bei der ersten Ausführung mit der Gleitschiene und den Zwischenlagen fest vernietet, so sind sie jetzt zu einer eigenständigen Einheit verstiftet und lediglich auf das Griffstück aufgeschoben. Einziger Halt gegen das Verrutschen ist die gefederte Klinke, die durch das kleine Metallplättchen bedient wird.

Ist das Backenstück entfernt, so können die Platinen mit den daran vernieteten Griffschalen nach links und rechts um die Achse des Riemenbügels ausgeschwenkt und die Klinge aus der Gleitschiene entfernt werden. Auf diese Weise kann der Besitzer jeden noch so kleinen Fremdkörper aus dem Inneren entfernen. Diese Reinigungsmöglichkeit erlaubte es den Konstrukteuren, die Passung zwischen dem Gleitstück der Klinge und der Führungsschiene so weit zu verringern, dass die Klinge nun im ausgefahrenen Zustand nahezu spielfrei im Griffstück sitzt. Dies macht das Arbeiten mit dem Messer insofern angenehmer, dass die Klinge nunmehr nicht mehr in der Führungsschiene „klappert".

5 Vgl. Franz 2002, S. 70f

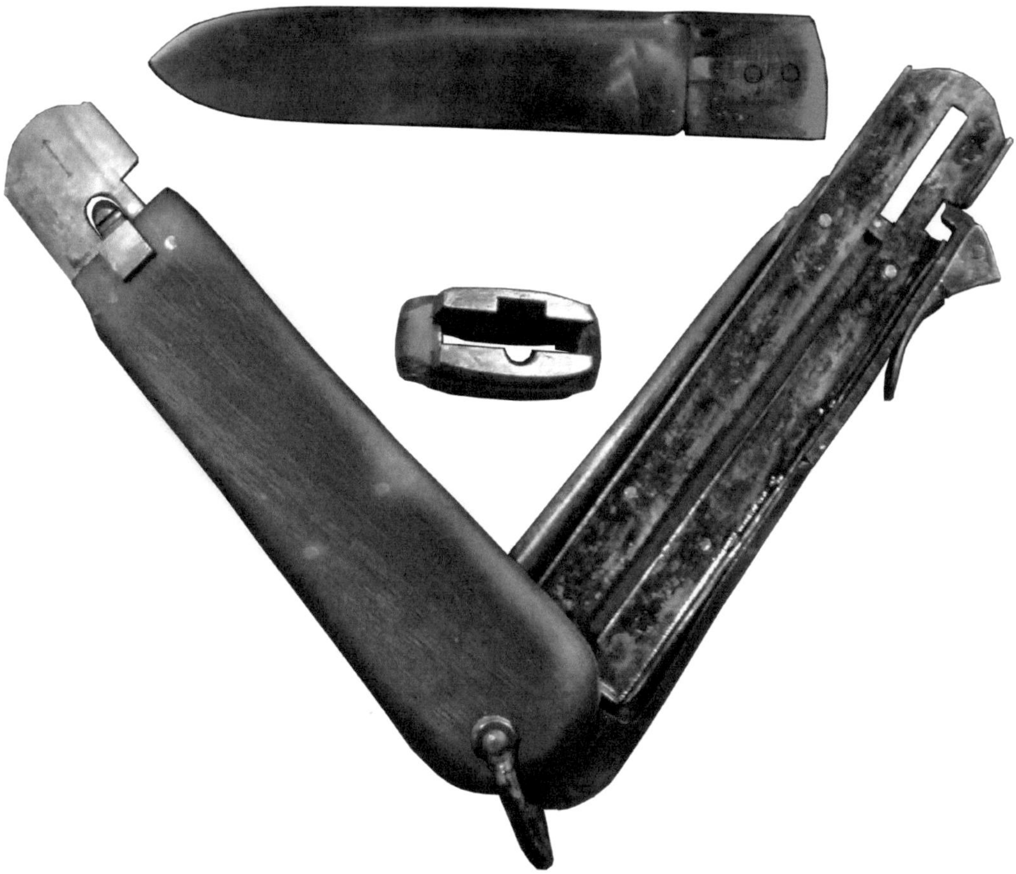

Abb. 30: Die zweite Ausführung des FKm ließ sich mit wenigen Handgriffen zerlegen - unter Einsatzbedingungen ein entscheidender Vorteil.

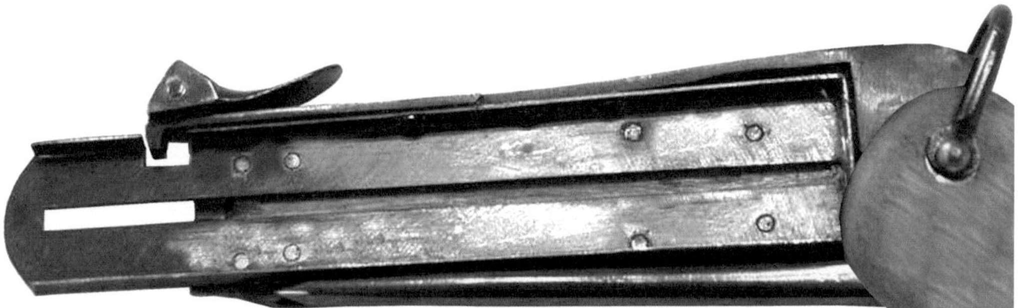

Abb. 31: Die Klingenführung ist mit der Platine vernietet.

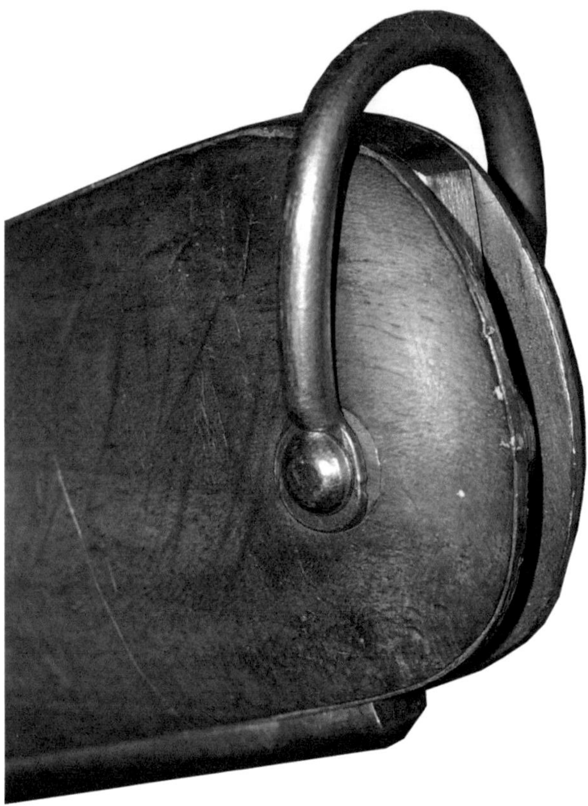

Abb. 32: Nach dem Entfernen des Backenstücks ließen sich die Griffschalen um die Achse des Riemenbügels zur Seite schwenken. So konnte der Benutzer die Klinge herausnehmen und die Führungsschiene reinigen.

Mit der Änderung hat das Fliegerkappmesser zwar seine bestmögliche Konstruktion erreicht, jedoch geht mit seiner Einführung auch ein Merkmal einher, das wiederum einen Qualitätsverlust darstellt: Wahrscheinlich aufgrund von kriegsbedingten Engpässen verzichteten die Hersteller jetzt immer öfter auf den Einsatz von rostfreien Stählen für Klinge und Backen. Stattdessen kam Karbonstahl zum Einsatz, dessen Oberfläche auf chemischem Wege gebläut wurde, um sie zumindest ein wenig rostträger zu gestalten.

Dennoch scheint es nicht korrekt zu sein, Ausführungen des zweiten Modells in rostfreiem Stahl als frühe Ausführung zu bezeichnen und solche in Karbonstahl als in späteren Jahren gefertigt. Vielmehr scheinen die verschiedenen Hersteller nicht nur zu unterschiedlichen Zeiten vom einen zum anderen Stahl gewechselt zu haben, sondern auch zum Teil mehrfach hin und her, also nachdem sie einige Zeit bereits in Karbonstahl gearbeitet hatten wieder eine Tranche in rostfreiem Stahl aufgelegt zu haben – je nachdem, ob wieder eine Zuteilung von rostfreiem Stahl erfolgt war.

Interessanterweise sind jedoch noch keine authentisch wirkenden Exemplare aus SMF-Produktion aufgetaucht, an denen einige Metallteile aus Karbonstahl und einige aus rostträgem Stahl bestehen. Wahrscheinlich sahen die strengen Qualitätsstandards dieses Herstellers vor, dass entweder alle Metallteile des Messers aus der einen oder aber alle aus der anderen Stahlsorte bestanden. Natürlich kursieren auf dem Sammlermarkt zahlreiche SMF-Fliegerkappmesser, an denen beide Stähle verbaut sind, jedoch lässt sich hier meist schon anhand der Montagenummern nachweisen, dass die Teile von verschiedenen Messern stammen. Branchenkollege Paul Weyersberg dagegen verbaute durchaus beide Stahlsorten an ein und demselben Messer. Die Abnahmevorschriften der Luftwaffe scheinen dieser Mischung offensichtlich nicht entgegengestanden zu haben. Es wird also im Ermessen der Hersteller gelegen zu haben, wie sie mit den zur Verfügung stehenden Stählen umgingen.[6]

Abb. 33: Links die Klinge eines aus Weyersberg-Produktion stammenden 2. Modells. Sie besteht aus nicht rostfreiem Karbonstahl. Auch das geöffnete rechte Messer stammt von Weyersberg. Alle seine Metallteile sind jedoch aus rostfreiem Stahl gefertigt. Entsprechend unterscheiden sich die Klingenmarkierungen.

Auch auf dieser Ausführung begegnen dem Sammler wieder die vom 1. Modell bekannten Montagenummern, diesmal auf dem neu konstruierten abnehmbaren Backenstück, dem Gleitstück der Klinge, der Führungsschiene, dem Dorn sowie, wieder in separater Nummerierung, der Klingenarretierung und dem Auslösehebel. Bei dem zerlegbaren 2. Modell wird der Sinn der Montagenummern noch deutlicher. Denn wieder sind Einzelteile wie Backenstück oder Klinge nicht von Messer zu Messer ohne weiteres austauschbar. Hatte die jeweilige Zeugmeisterei bisher beschädigte oder verschmutzte Messer wahrscheinlich zu Reparatur oder Wartung an die Herstellerbetriebe gesandt, so konnte es nun passieren, dass auf einer Werkbank in einer Feldwerkstätte mehrere zerlegte Messer bearbeitet wurden. Hierbei müssen die Montagenummern die Arbeit sehr stark erleichtert haben.

6 Vgl. Pattarozzi 2006, S. 54f

Zunächst erhielten die Klingen dieser Messer noch die gleichen Firmenzeichen eingeätzt, die schon vom Vorgängermodell bekannt waren. Lediglich der „rostfrei" Schriftzug entfiel natürlich bei den aus Karbonstahl gefertigten Exemplaren. Dennoch sind die mit Firmenzeichen versehenen Vertreter des 2. Modells ausgesprochene Raritäten, denn mit Aufnahme der Produktion änderten sich auch die Vorschriften betreffs der Kennzeichnung militärisch genutzter Ausrüstung.

Bereits 1938 war ein aus drei Buchstaben bestehendes Codesystem eingeführt worden, um Hitlers noch im Geheimen anlaufende Rüstungsproduktion vor ausländischen Beobachtern zu verschleiern. Waffen und allgemeine Ausrüstungsgegenstände erhielten anstelle des Markenzeichens ihrer Hersteller lediglich den Buchstabencode eingeprägt, der in streng geheimen Codelisten dem jeweiligen Unternehmen zugeordnet war, beispielsweise für die Mauserwerke Oberndorf „byf" oder Walther in Zella-Mehlis „ac". Obwohl selbst Koppelschlösser und Munitionstaschen nur noch mit diesen Codes beschriftet wurden, betraf das System die Fliegerkappmesser offensichtlich nicht, denn sie trugen bis auf weiteres den Namen ihres Herstellers im Klartext. Dies änderte sich jedoch ab Mitte 1942, als jedem Hersteller kleinerer militärischer Ausrüstungsstücke eine neunstellige „Reichsbetriebsnummer" (R. B. Nummer) zugeteilt wurde.[7] Die Änderung betraf nun auch die Hersteller des Fallmessers der Luftwaffe, denn kurz nach der Aufnahme der Produktion des 2. Modells verschwanden die Herstellermarken von den Klingen, die nun stattdessen die R. B. Nummer trugen. Diese wurde rechtwinklig zur Längsachse der Klinge in den Stahl eingeätzt, etwa an gleicher Stelle wie zuvor die Herstellermarke. Auch auf der Wurzel des Dorns ist sie von Zeit zu Zeit zu finden.

Abb. 34: Fliegerkappmesser der zweiten Ausführung aus der Produktion der Solinger Metallwaren Fabrik. Anstelle des Firmenzeichens trägt es auf der Klinge die R. B. Nummer, die dem Unternehmen zugewiesen wurde.

7 Vgl. Wacker 2005, S. 417

Die Solinger Metallwaren Fabrik (SMF) erhielt die R. B. Nummer 0/0561/0019, Paul Weyersberg die 0/0561/0020 und Anton Wingen 0/0878/0018.[8] Die Nummern, die die anderen Hersteller zugewiesen erhielten, sind nicht bekannt, allerdings sind bislang keine Fliegerkappmesser mit anderen als den genannten drei Nummern bekannt. Dies spricht dafür, dass nach Einführung der R. B. Nummern nur noch SMF, Weyersberg und Wingen das Fliegerkappmesser herstellten.

Abb. 35: Auch auf der Wurzel des Dorns ist die Reichsbetriebsnummer zu finden.

Die Fertigung der zweiten Ausführung könnte von Mitte 1941 bis November 1944 erfolgt sein, jedoch in weitaus geringeren Stückzahlen als die des ersten Modells in den Jahren zuvor. Wieder liegen allerdings von keinem Herstellerbetrieb Produktionsunterlagen vor, ebenso fehlen von Seiten der Luftwaffe Belege, wie viele Messer geordert oder abgenommen wurden. Somit sind Sammler auch beim 2. Modell auf Schätzungen angewiesen sowie auf Rückschlüsse von der Anzahl erhalten gebliebener Messer.

Abb. 36: Seltene Variante der zweiten Ausführung des FKm: Anstelle des Abnahmestempels findet sich hier der Buchstabe „S" auf dem Gelenk des Dorns. Seine Bedeutung konnte bisher nicht entschlüsselt werden.

8 Vgl Pattarozzi 2006, S. 110

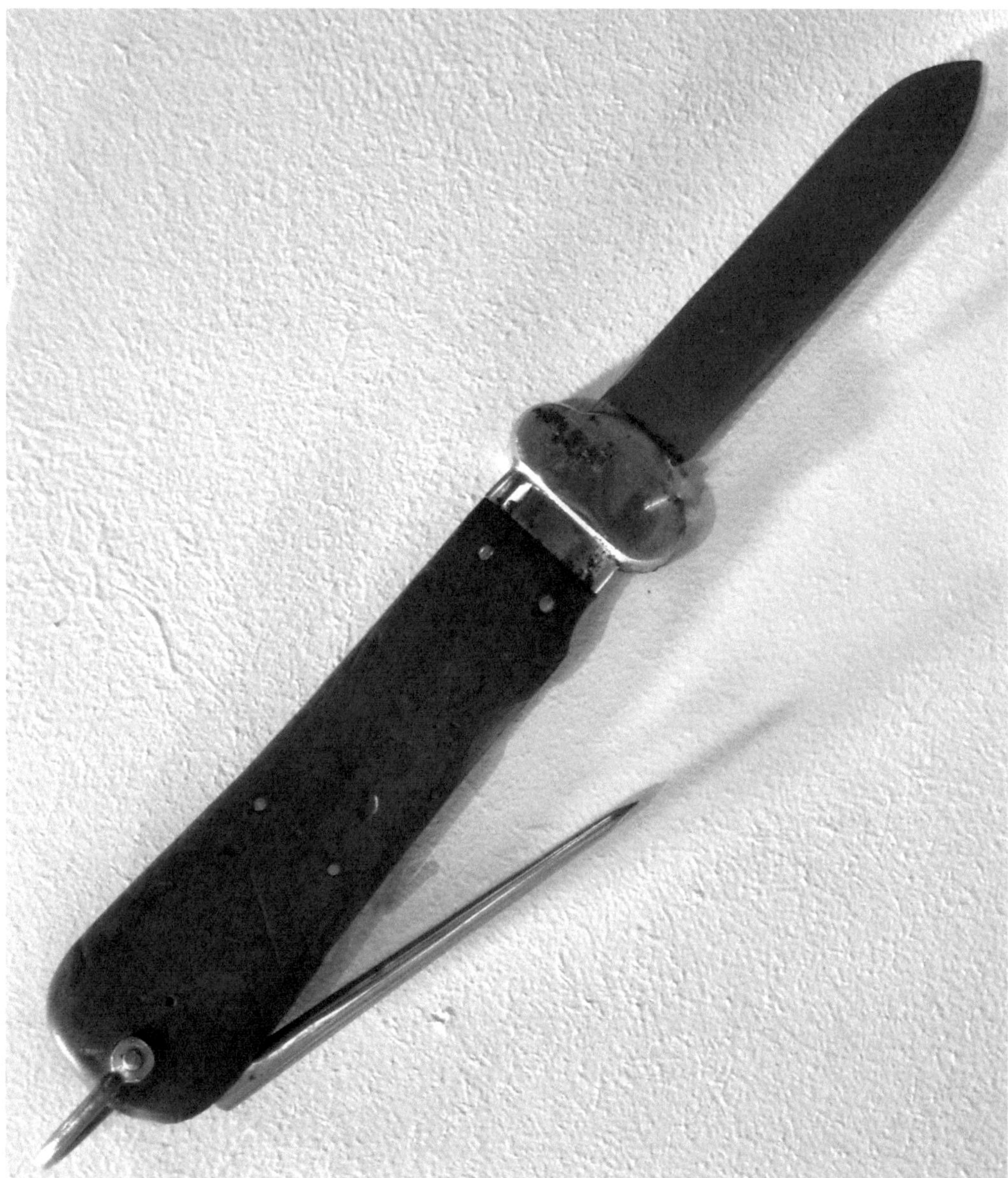

Abb. 37 und 38: Oben und links zwei Exemplare des Fliegerkappmessers aus später Produktion, die während der Ardennenschlacht von alliierten Soldaten erbeutet wurden. Möglicherweise wurden sie von Fallschirmjägern verwendet, die am glücklosen „Unternehmen Stößer" beteiligt waren.

# Das dritte Modell

## Akt der Verzweiflung oder Fälschung?

Die dritte Variation des Fliegerkappmessers entspricht in allen Details der zweiten Ausführung, unterscheidet sich jedoch grundsätzlich in Bezug auf die Klinge. Diese blieb im Umriss zwar unverändert, ist jedoch als zweischneidige Dolchklinge ausgelegt. Ist das zweite Modell schon selten, so sind von der dritten Ausführung weltweit nur wenige Exemplare bekannt. Sie lässt sich nur insofern datieren, als sie in allen Punkten, abgesehen von der Klinge, dem zweiten Modell entspricht. Also kommt dessen angenommener Produktionszeitraum von 1941 bis 1944 auch für das dritte Modell infrage.

Alle bislang bekannt gewordenen Ausführungen dieser Art tragen das Firmenzeichen der „Solinger Metallwaren Fabrik" (SMF), einige sind aus rostfreiem, andere aus Karbonstahl gefertigt. Interessanterweise sind die korrosionsbeständigen Klingen diesbezüglich nicht mit der Aufschrift „rostfrei" markiert, sondern mit dem Begriff INOX, der Abkürzung der international geläufigen Bezeichnung „inoxidable". Dies ist insofern ungewöhnlich, als im Deutschen Reich der Kriegsjahre derartige „undeutsche" Bezeichnungen nach Möglichkeit vermieden wurden.

Abb. 39: Herstellermarke der Solinger Metallwaren Fabrik (SMF) auf der zweischneidigen Klinge eines 3. Modells.

Auch erscheint es unlogisch, dass der Hersteller für die Produktion einer Sondervariante in Kleinserie extra eine neue Vorlage für die Beschriftung entwarf. Denn die einschneidigen Modelle aus SMF-Produktion tragen den Schriftzug „rostfrei". Auch sind Firmenzeichen und INOX-Schriftzug an den dritten Modellen weitaus tiefer eingeätzt oder geprägt als bei den Ausführungen des zweiten Modells. Wieder stellt sich die Frage, warum der Hersteller anlässlich einer Sonderserie von seinen sonstigen Fertigungsstandards hätte abweichen sollen. Die Beschriftung muss somit als Hinweis darauf gewertet werden, dass es sich bei dem angeblichen dritten Modell möglicher-

weise um eine Fälschung handelt, die unter Verwendung von Originalteilen des zweiten Modells entstand. Hier könnten fantasiebegabte Fälscher Teile von beschädigten oder unvollständig erhaltenen Messern wiederverwertet haben.

Ein weiteres Indiz, das diese Theorie unterstützt, ist die Tatsache, dass es keinerlei zeitgenössische Quellen gibt, die die Existenz eines dritten Modells belegen. Auch Fotos aus diesem Zeitraum existieren nicht. Darüber hinaus erscheint die Entwicklung des Fliegerkappmessers zu einem Kampfmesser unlogisch, da es sich dabei in erster Linie um ein Notfallwerkzeug handelte, das ausschließlich zum Schneiden dienen sollte, nämlich zum Durchtrennen von Fallschirmleinen. Dazu war das zweischneidige Modell, wenn überhaupt, nur noch bedingt geeignet. Auch wären Flugzeugbesatzungen nur in Ausnahmefällen in Situationen geraten, in denen sie mit dem Messer hätten kämpfen müssen. Handelte es sich also möglicherweise um ein Kampfmesser für die Fallschirmjäger? Wohl kaum, denn auch in ihren Soldbüchern wäre es als „Fliegerkappmesser" geführt worden und als solches hätten sie es im Einsatz auch getragen. Denn womit hätten sie sich im unglücklichsten Fall befreien sollen, wenn sie nach einem Fallschirmabsprung in einem Baum gelandet wären? Da die Dolchklinge die gleiche Stärke aufweist, wie die einschneidige Ausführung, ist der Winkel der Schneiden entsprechend größer, was die Schneidleistung erheblich verschlechtert.

Das dritte Modell soll an dieser Stelle nicht grundsätzlich in ein schlechtes Licht gerückt werden. Vielmehr sollten sich Sammler über die strittigen Fragen lediglich im Klaren sein, bevor sie ein mehrfaches des Preises eines ersten oder zweiten Modells für ein Fliegerkappmesser mit zweischneidiger Klinge ausgeben.

Abb. 40: Die dritte Ausführung des FKm.

Abb. 41: Die Klinge des 3. Modells unterscheidet sich von den Vorgängerausführungen lediglich durch den zweischneidigen Anschliff. Gleitstück und Führung blieben unverändert.

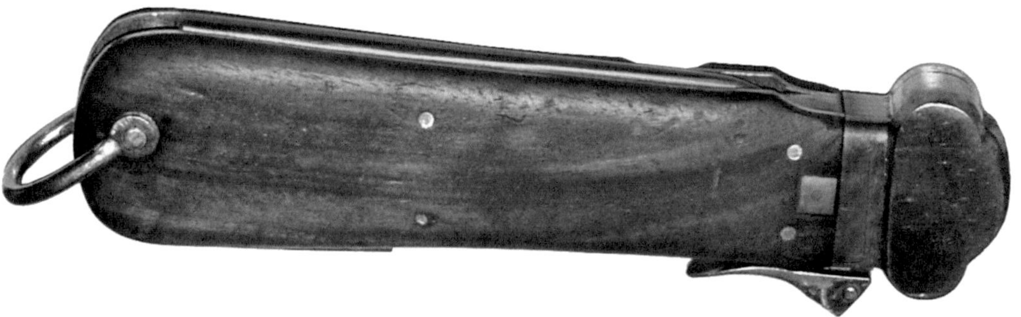

Abb. 42: Auch das Griffstück des 3. Modells ist identisch mit dem der zweiten Ausführung.

# Die Deutsche Luftwaffe 1935–1945

Die vorangegangenen Kapitel haben gezeigt, dass das Fliegerkappmesser der Deutschen Luftwaffe für den intendierten Zweck nicht nur ausgesprochen aufwendig und teuer war, sondern auch genau aus diesem Grunde nur bedingt geeignet. Denn es war recht groß und schwer und neigte, gerade aufgrund seiner aufwendigen Konstruktion, im entscheidenden Moment zum Versagen. Auf den ersten Blick erstaunt also die Entscheidung der Luftwaffenführung, die Kosten für ein solch aufwendig konstruiertes Notfallwerkzeug auf sich zu nehmen, um dann dennoch nicht über ein ideales Ausrüstungsteil zu verfügen. Ein Blick auf ihre Entstehungsgeschichte macht einige Ursachen dafür deutlich.

**Die Deutsche Luftwaffe – Rückgrat der Blitzkriegsführung**
Die Luftwaffe war in der Wehrmacht Nazideutschlands neben Heer und Kriegsmarine die jüngste Teilstreitkraft. Denn der Friedensvertrag von Versailles hatte den Deutschen nach dem Ende des Ersten Weltkriegs den Wiederaufbau von Luftstreitkräften untersagt. Dennoch hatte bereits die Weimarer Republik im Geheimen deutsche Militärpiloten ausgebildet. Diese machten ihre ersten Erfahrungen auf leichten Schulflugzeugen in zivilen Ausbildungsstätten. Flugstunden auf Kampfflugzeugen sammelten sie dann in der Sowjetunion. Denn im 1924 geschlossenen Vertrag von Rapallo hatten die Sowjets den Deutschen die Einrichtung eines geheimen Ausbildungsfliegerhorstes in der Nähe der russischen Stadt Lipezk erlaubt, den die Reichswehr bis 1933 nutzte. Diese Schule war offiziell als 4. Fliegerabteilung in das 40. Geschwader der Roten Armee eingegliedert und verwendete sowohl niederländische und russische als auch deutsche Flugzeugmuster. Insgesamt durchliefen rund 220 deutsche Piloten diesen Ausbildungsweg und erprobten dabei auch neue, in Deutschland entwickelte Flugzeugkonstruktionen.

Nach der Machtübernahme waren die Nationalsozialisten allerdings trotz der heimlichen Vorarbeit der Weimarer Demokraten vom Aufbau einer offiziellen Luftwaffe noch weit entfernt. Denn die Bestimmungen des Versailler Vertrages blieben weiter in Kraft, weshalb die Reichswehr die Projekte vorerst verdeckt weiterführen musste. Am 30. Januar 1933 wurde der im Ersten Weltkrieg als Jagdflieger berühmt gewordene Hermann Göring „Reichskommissar für die Luftfahrt" und übernahm kurz darauf das neu geschaffene Reichsluftfahrtministerium. Ab Herbst 1933 untersagte dann die Sowjetführung weitere deutsche Ausbildungstätigkeiten auf ihrem Territorium. Also beauftragte Göring seinen ehemaligen Staffelkameraden Bruno Loerzer damit, den offiziell zivilen „Deutschen Luft-

Abb. 43: Dieses Plakat sollte 1937 Nachwuchs für die Luftwaffe als neue Teilstreitkraft der Wehrmacht werben - offensichtlich unter Verweis auf die Vielfalt der dort ausgegebenen Uniformen, deren Darstellung auf den heutigen Betrachter ein wenig befremdlich wirken mag.

sportverband" zu gründen. Unter diesem Deckmantel bildete die Reichswehr dann weiter angehende Flugzeugführer aus. In der Deutschen Verkehrsfliegerschule konnten diese ihre Ausbildung anschließend vervollständigen.[9]

Offiziell wurde die neue Deutsche Luftwaffe erst am 1. März 1935 gegründet. Bereits einen Monat später entstand das erste Geschwader, das „Jagdgeschwader 2 Richthofen". Zu der Zeit befanden sich jedoch 90 Prozent aller Flieger noch in der Ausbildung. Die gleichzeitige Wiedereinführung der Wehrpflicht sorgte jedoch dafür, dass den Flugschulen, die nunmehr offiziell von der Reichswehr betrieben wurden, immer neue Rekruten zugeführt werden konnten. Die Luftwaffe vergrößerte sich von nun an rasant. Damit zeigt sich nun der erste Grund für die Einführung eines teuren und aufwendigen Messers für das fliegende Personal: Die Luftwaffe war Hitlers Prestigeobjekt, denn er hatte das erhebliche militäri-

9 Vgl. National Archives 2008, S. 2f

sche Potenzial der Luftrüstung erkannt. Also flossen fast unbegrenzte Mittel in den Aufbau der Luftwaffe und nichts konnte gut genug sein, wenn es um die Ausrüstung der Helden in spe ging. Entsprechend groß war der Zulauf in die neue Teilstreitkraft. Jungen Offizieren boten sich hier die besten Karrieremöglichkeiten, denn die in Heer und Marine verbliebenen starren Strukturen der Kaiserzeit waren in der neuen Truppe nicht vorhanden. Mitte 1939 dienten in der Deutschen Luftwaffe bereits über 373.000 Mann. Damit war sie bei Beginn des Zweiten Weltkriegs eine der stärksten Luftstreitkräfte der Welt.

Dies galt nicht nur für Personalstand und Anzahl der einsatzbereiten Flugzeuge. Denn die Deutsche Luftwaffe hatte im Spanischen Bürgerkrieg 1936 bis 1939 Flugzeuge, Waffen und Taktiken unter Einsatzbedingungen erproben und ihr fliegendes Personal Fronterfahrung sammeln lassen können. Die deutschen Piloten fanden in den von ihren Gegnern eingesetzten veralteten spanischen und russischen Mustern meist leichte Gegner und richteten mit Bombardierungen spanischer Städte furchtbare Massaker unter der Zivilbevölkerung an.

Die Einsatzerfahrungen in Spanien mögen der Hauptgrund für die Ausgabe eines Kappmessers an alle Angehörigen des fliegenden Personals inklusive der Fallschirmjäger gewesen sein. Im Vergleich zu den Luftstreitkräften anderer europäischer Staaten oder denen der USA, Japans oder Russlands zeugt dies nämlich von großer Praxisnähe. Ein wegen eines Notfalls abgesprungener Pilot oder ein in den Kampf gleitender Fallschirmjäger können sich in den seltensten Fällen ein ideales Sprunggelände aussuchen. Nur allzu oft verfangen sich seine Schirmleinen in einem Hindernis, weshalb ein Messer hier oft lebensrettende Dienste leisten kann.

**Kriegsbeginn**

Die Deutsche Luftwaffe setzte mit Beginn des Zweiten Weltkriegs ihren Feldzug gegen militärisch unterlegene Gegner fort. Und beteiligte sich auch aktiv an völkerrechtswidrigen Angriffen auf Zivilisten. Denn rund eine Stunde bevor deutsche Truppen am 1. September 1939 die polnische Grenze überrannten, griffen zwei Sturzkampfgeschwader die polnische Kleinstadt Wieluń an. Dabei kamen über 1.200 Zivilisten ums Leben. Die Deutsche Luftwaffe setzte in diesem Feldzug knapp 2.000 Flugzeuge größtenteils modernster Bauart gegen nicht einmal 800 meist veraltete Maschinen der polnischen Luftwaffe ein. Nachdem die deutschen Truppen nur eine Woche nach Beginn des Angriffs vor der Hauptstadt Warschau standen, diese aber aufgrund der starken Verteidigung zunächst nicht einnehmen konnten, führte die Luftwaffe die ersten Flächenbombardements auf eine europäische Großstadt durch, wieder mit schweren Verlusten unter der Zivilbevölkerung. Dennoch gaben die Verteidiger der Stadt erst am 26. September auf, die letzten polnischen Truppen kapitulierten am 6. Oktober. Die deutsche Luftwaffe hatte 285 Flugzeuge als Totalverlust verloren. Insgesamt 734 Luftwaffenangehörige fanden den Tod, wurden verwundet oder blieben vermisst.

Abb. 44: So sahen die Kriegsberichter den Absprung deutscher Piloten aus beschädigter Maschine. Ganz so heroisch mag es in den meisten Fällen nicht ausgesehen haben, wenn die Flugzeugführer sich aus Todesgefahr retteten. Spätestens bei der Landung am Fallschirm waren viele dann auf die Funktionssicherheit ihres Kappmessers angewiesen. Quelle: *Der Adler*, Heft 12 1943, S. 58

**Der Westfeldzug - Die Stunde der Fallschirmjäger**

Der Krieg im Westen begann am 10. Mai 1940 mit dem ersten Einsatz der deutschen Fallschirmjäger. In den Niederlanden nahmen sie wichtige Brücken unversehrt ein und ebneten damit den nachfolgenden Bodentruppen den Weg zum „Blitzkrieg". Im benachbarten Belgien eroberten sie das wichtige Fort Eben-Emael, indem sie mit Lastenseglern auf dem Dach landeten.

Der Deutschen Luftwaffe kam in der Blitzkriegsführung am westlichen Kriegsschauplatz wieder eine tragende Rolle zu. Zunächst galt es, wie schon auf den bisherigen Eroberungszügen, die Luftüberlegenheit zu erringen, um dann die Bodentruppen mit gezielten Luftangriffe zu unterstützen. Insgesamt standen der Luftwaffe dafür im Westen rund 2.500 Flugzeuge zur Verfügung.

Abb. 45: Die Einnahme strategisch wichtiger Brücken in den Niederlanden während des „Fall Gelb", der deutschen Angriffsoperation auf die Benelux-Staaten - zeichnerisch festgehalten von einem Kriegsberichterstatter. Quelle: *Der Adler*, Heft 25 1943, S. 98

Die vier verschiedenen Luftwaffen der Gegner waren natürlich unterschiedlich ausgestattet und hatten Probleme, sich über die nationalen Grenzen hinweg zu einer gemeinsamen Verteidigungsstrategie abzustimmen. Dennoch waren sie, zumindest was die Anzahl der zur Verfügung stehenden Flugzeuge anging, den heranstürmenden Nazis überlegen. So verfügte die niederländische „Koninklijke Luchtmacht" über rund 140 Flugzeuge, die Luftstreitkräfte Belgiens bestanden aus etwas mehr als 300 Maschinen diverser Typen. Das Frankreich zur Hilfe geeilte britische Expeditionskorps hatte auf dem Kontinent rund 450 Maschinen stationiert. Die französische Armée de l'Air konnte auf rund 5.000 Maschinen zurückgreifen. Damit standen der deutschen Luftwaffe im Westen knapp 6.000 feindliche Maschinen gegenüber.[10] Dennoch musste dieses unausgeglichene Zahlenverhältnis der Deutschen Luftwaffenführung kein Kopfzerbrechen bereiten, denn die meisten ihrer Maschinen waren den gegnerischen technisch überlegen. Deshalb konnten die Deutschen innerhalb weniger Tage die Luftherrschaft erringen und fortan hauptsächlich als Heeresunterstützungswaffe dienen, um den Bodentruppen zu schnellen Siegen zu verhelfen. Nach Abschluss der Kampfhandlungen im Westen hatte die Luftwaffe dennoch rund 1.200 Maschinen verloren.

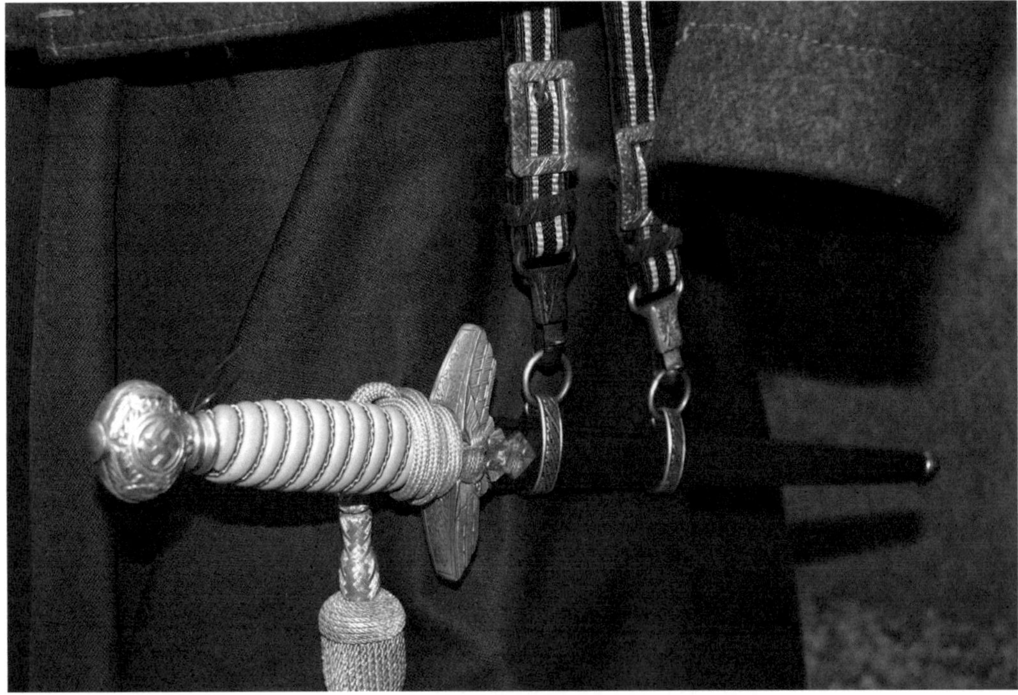

10 Vgl. Mann 2009, S. 28

Abb. 47: Ohne eskortierende Langstreckenjäger war die Heinkel He 111 ein lohnendes Ziel für die britischen Spitfires und Hurricanes. Entsprechend groß waren die Verluste an Mensch und Material während der „Luftschlacht um England".

**Luftschlacht um England**

Nach dem deutschen Sieg im Westen war Großbritannien der einzige verbliebene europäische Gegner, der dem Unrechtskrieg Hitlers ernsthaft Widerstand leisten konnte. Das Empire war durch die Verluste seines Expeditionskorps auf französischem Boden zwar angeschlagen, hatte jedoch seine über 300.000 Mann starke Truppe aus Dünkirchen evakuieren können und stellte damit immer noch ein Risiko für das Deutsche Reich dar. Somit war es Hitlers nächstes Ziel, die Luftherrschaft über der Insel zu erringen, um danach mit dem „Unternehmen Seelöwe" eine Invasion zu wagen. Mit dem „Adlertag" startete Görings Luftstreitmacht am 13. August 1940 die Angriffe. Hier sollte die bis dahin erfolggewohnte deutsche Luftwaffe allerdings auf einen ebenbürtigen Gegner stoßen. Als Hauptproblem der Deutschen stellte sich heraus, dass die Reichweite ihrer leistungsfähigsten Jagdflugzeuge zu gering war, als dass sie die Kampffliegerverbände ausreichend hätten schützen können. Mit der Messerschmitt Bf 110 besaß

Abb. 46: Nicht für den Gebrauch bestimmt: Dieser Ehrendolch gehörte zwar für die höheren Offiziere der Luftwaffe zur Uniform, jedoch hatte er neben der zeremoniellen natürlich keine praktische Funktion. Er wurde an Bord nicht mitgeführt.

Achtung!
vorFunkbeschickungs-Auf-
nahme u.PeilungM.G.in Reis
-Stellung einraste

die Luftwaffe zwar einen Langstreckenjäger in ausreichender Zahl, jedoch war dieses Muster den wendigen britischen Spitfires und Hurricanes im Luftkampf unterlegen. Aus diesem und anderen Gründen konnte die Luftwaffe über Großbritannien nie die Luftüberlegenheit erringen. Wegen des fehlenden Jagdschutzes gingen viele Bomber und besonders Stukas verloren. Letztere musste die Luftwaffenführung bereits zu einem frühen Zeitpunkt komplett aus der Schlacht abziehen. Viele deutsche Flugzeugbesatzungen mussten über der britischen Insel oder dem Ärmelkanal mit dem Fallschirm abspringen oder notlanden, was dazu führte, dass im Verlauf der „Battle of Britain" rund 2.000 Luftwaffenangehörige zu Tode kamen. Rund 2.600 weitere waren vermisst oder in Gefangenschaft geraten. Knapp 2.200 Flugzeuge hatte die deutsche Luftwaffe als Totalverlust abschreiben müssen.[11] Besonders den Verlust von Tausenden gut ausgebildeten Flugzeugführern sollten die Deutschen bis Kriegsende nicht mehr verschmerzen können. Im Mai 1941 musste die Luftwaffe schließlich ihre Angriffe auf britisches Territorium nahezu einstellen. Der Grund: Die Wehrmacht zog alles verfügbare Material an der Ostgrenze des Reiches für den bevorstehenden Angriff auf die Sowjetunion zusammen.

Somit hatten sich während der Luftschlacht um England zum ersten Mal die Unzulänglichkeiten der deutschen Luftrüstung gezeigt. Dies mag die Ursache dafür gewesen sein, dass die Luftwaffenführung Mitte 1941 die bisher mit dem momentanen Ausrüstungsstand gesammelten Erfahrungen auswertete und dabei feststellte, dass das Fliegerkappmesser in seiner ersten Version zu Funktionsstörungen neigte. Die vielen Notsituationen, in die Angehörige des fliegenden Personals während der Luftschlacht um England geraten waren, könnten die Schwächen des Messers deutlich gemacht haben. Eine Folge war die Einführung des verbesserten 2. Modells, von dem jedoch aufgrund der großen noch vorhandenen Bestände der ersten Ausführung nur noch vergleichsweise geringe Stückzahlen aufgelegt wurden. Auch für eine Umrüstung der bereits ausgegebenen Messer standen offenbar wegen der Vorbereitungen für den Angriff auf die Sowjetunion keine Produktionskapazitäten zur Verfügung.

Abb. 48: Kein Glücksbringer: Dieses skuril anmutende Messer trug ein Besatzungsmitglied eines deutschen Kampfflugzeugs, das 1943 über der Küste Norfolks abgeschossen wurde. Es zeigt, dass das fliegende Personal über das offiziell ausgegebene Fliegerkappmesser hinaus durchaus auch noch weitere Messer bei sich trug. Dieses Messer entstand offensichtlich im Eigenbau und wirkt sehr filigran. Besonders aufgrund der sehr dünnen Klinge ist fraglich, ob es als Waffe oder Werkzeug überhaupt tauglich war. Das Messer befindet sich heute in der Sammlung des Imperial War Museum, London. Rechts daneben sind einige Wrackteile des Flugzeugs ausgestellt.

11 Vgl. Mann 2009, S. 44ff

**Angriff auf die Sowjetunion**

Für den Überfall auf Stalins Reich stellte die Luftwaffe bei Beginn der Angriffsoperationen über 3.500 Flugzeuge bereit. Nach den ersten drei Wochen des „Unternehmens Barbarossa" hatten deutsche Flieger knapp 7.000 sowjetische Flugzeuge zerstört, davon rund 2.000 in Luftkämpfen. Die Luftwaffe hatte bis dahin etwa 550 Maschinen verloren, über 300 waren beschädigt. Nachdem die Verluste des ersten Kriegsjahrs noch nicht vollständig hatten ersetzt werden können, war dies, trotz der sehr viel schlechteren Bilanz des Gegners, ein schwerer Schlag für die deutsche Führung. Bis Ende des Jahres 1941 beliefen sich die Verluste der Luftwaffe auf über 2.500 Flugzeuge, zusätzlich fielen knapp 2.000 Maschinen wegen schwerer Beschädigungen aus. Rund 3.000 Angehörige des fliegenden Personals waren tot, kriegsgefangen oder schwer verletzt. Die weiterhin hohen Verlustraten hatten schließlich zur Folge, dass Anfang 1942 nur noch rund 1.500 deutsche Flugzeuge an der Ostfront stationiert waren. Diese erschreckend geringe Zahl konnte die deutsche Führung zwar für wichtige Offensiven manchmal kurzzeitig erhöhen, dennoch blieben Flugzeuge mit deutschen Hoheitszeichen meist ein seltener Anblick am Himmel der Ostfront. Ab diesem Zeitpunkt gelang es der Sowjetarmee auch immer häufiger, große Teile der Wehrmacht in riesigen Kesseln einzuschließen, am bekanntesten der von Stalingrad. Der Luftwaffe kam hier die Aufgabe zu, die Eingeschlossenen mit Tonnen von Nachschubgütern zu versorgen. Angesichts der immer stärker werdenden sowjetischen Luftwaffe und Fliegerabwehr waren dies hoch riskante Einsätze, bei der die Deutschen oft binnen weniger Wochen Hunderte von Maschinen einbüßten.[12]

Innerhalb des Reichsgebiets kam der Deutschen Luftwaffe über den gesamten Kriegsverlauf die Verteidigung gegen die Bomberoffensive der Alliierten zu. Zum Leidwesen der Rüstungsproduktion und nicht zuletzt auch der Zivilbevölkerung konnten Görings Truppen diese Aufgabe von Beginn an nur lückenhaft erfüllen. Gelang es der Flak und den Jagdverbänden in den ersten Kriegsjahren noch, dem Feind zum Teil empfindliche Verluste zuzufügen, so gewannen die britischen und amerikanischen Bomberverbände doch immer mehr die Oberhand. Die Folge waren schreckliche Zerstörungen von strategischen aber auch zivilen Zielen bis tief ins Reichsgebiet. Im Gegensatz zur deutschen Luftwaffe ließen die Alliierten zumindest ihre Tagesangriffe von geeigneten Langstreckenjägern eskortieren. Besonders die ab 1944 eingesetzte North American P-51 Mustang sollte sich zum Schrecken der deutschen Jagdpiloten entwickeln, denn sie fügte den Heimatverteidigern zum Teil schwere Verluste zu.[13]

12 Vgl. Mann 2009, S. 68–71

13 Vgl. National Archives 2008, S. 275–283

**Unternehmen Bodenplatte**

Gegen Kriegsende war die Luftverteidigung des Reiches nahezu zusammengebrochen. Die Lage hatte sich noch mehr verschlechtert, nachdem im Rahmen des letzten nennenswerten deutschen Gegenstoßes, der Ardennenoffensive, Hunderte deutscher Jagdflieger zum Einsatz kamen. Diese sollten im Rahmen des „Unternehmen Bodenplatte" am 1. Januar 1945 Tieffliegerangriffe auf 17 feindliche Frontflugplätze durchführen und damit die alliierte Luftüberlegenheit an der Westfront brechen. Da die Jagdpiloten meist keine Erfahrungen in Luft-Boden-Angriffen hatten, war ihre Wirkung allerdings begrenzt, auch wenn sie am Ende des Einsatztages 290 Flugzeuge der Alliierten zerstört und rund 180 beschädigt hatten. Jedoch waren von den rund 850 eingesetzten deutschen Flugzeugen 336 verloren gegangen und, weitaus folgenreicher, 213 der eingesetzten Piloten gefallen oder in Gefangenschaft geraten. Tragischerweise kamen allein 35 Flugzeugführer durch das Feuer der eigenen Flak ums Leben.

Insgesamt starben im Kriegsverlauf auf deutscher Seite knapp 140.000 Luftwaffenangehörige, über 200.000 fielen als Verwundete über einen längeren Zeitraum aus und über 150.000 gelten bis heute als vermisst.

Abb. 49: Lederfliegerhaube der Luftwaffe, hier mit der 1940 eingeführten Splitterschutzbrille.

**Die Fallschirmjäger - Erst Speerspitze, dann „Mädchen für alles“**

Die Fallschirmjäger der Wehrmacht waren eine Waffengattung der Luftwaffe. Sie waren, ähnlich wie die Luftwaffe selbst, zunächst im Geheimen aufgestellt worden, als „Polizeiabteilung z.b.V. Wecke/Landespolizeigruppe General Göring“. Zum Jahreswechsel 1935/1936 entstand aus dieser Formation offiziell das „I. Jägerbataillon Regiment General Göring“.

Zum ersten Mal militärisch in Erscheinung traten die Elitesoldaten bei der Besetzung des Sudetenlandes, bei der sie im Herbst 1938 bei Freudenthal hinter den tschechischen Linien landeten. Wirkliche Kampfeinsätze übernahmen deutsche Luftlandetruppen dann 1940 beim Angriff auf Dänemark und Norwegen. Dabei eroberten sie im Wesentlichen Flugplätze und operativ wichtige Verkehrsknotenpunkte. Wenige Monate später erfolgten dann bereits die Angriffe in den Niederlanden, Belgien und Frankreich. Im darauffolgenden Jahr konnten sie während des Griechenland-Feldzuges den strategisch wichtigen Übergang über den Kanal von Korinth sichern.

Eine Glanzleistung der deutschen Fallschirmtruppen bildete sicherlich die Eroberung der Insel Kreta, eine Luftlandeoperation von bis dahin nicht gekannten Ausmaßen. Die schweren Verluste, die die Elitesoldaten trotz der insgesamt erfolgreichen Operation erlitten hatten, führten jedoch bei Hitler zu der Überzeugung, dass die Zeit der Fallschirmtruppe nun vorüber sei. In den folgenden Jahren wurden zwar noch weitere Fallschirm-Großverbände aufgestellt. Diese dienten jedoch lediglich als Eliteeinheiten der regulären Infanterie und somit als „Feuerwehr“ an besonders gefährdeten Frontabschnitten.

Abb. 51: Ärmelband für Angehörige der Luftwaffe, die am „Unternehmen Merkur“, der Luftlandeoperation über Kreta teilgenommen haben. Es wurde sowohl an Fallschirmjäger als auch an Angehörige des fliegenden Personals verliehen.

Abb. 50: Links der Helm der deutschen Fallschirmjäger, mit Beriemung, Tarnnetz und Hoheitszeichen. Er entwickelte sich zum Symbol der Elitesoldaten und wurde mit Stolz getragen.

Abb. 52: Sprunganzug der deutschen Fallschirmjäger, im Soldatenjargon „Knochensack“ genannt. Das Kleidungsstück wurde 1936 eingeführt und bestand im Prinzip aus einem Overall mit abgeschnittenen Hosenbeinen. Bis 1943 war der Reißverschluss nicht durchlaufend, sodass der Träger in den Anzug „einsteigen“ musste. Das abgebildete Modell weist jedoch bereits den modifizierten Verschluss auf. Das Tarnmuster ist 1942 eingeführt worden, zuvor war das Kleidungsstück nur einfarbig ausgegeben worden.

Einen letzten Großeinsatz als Luftlandetruppen erlebten die deutschen Fallschirmjäger gegen Ende 1944 im Rahmen der Ardennenoffensive. Bei der „Unternehmen Stößer“ genannten Operation sollte eine Fallschirmjägertruppe von rund 1.200 Mann hinter den amerikanischen Linien landen und die alliierten Verbände hinter der Front in Kampfhandlungen verwickeln und damit binden. Das Unternehmen endete jedoch als völliger Fehlschlag. Die meisten der Fallschirmjäger und der Piloten der rund 150 Transportmaschinen verfügten über wenig oder gar keine Einsatzerfahrung. Zudem entwickelten sich während des Absprungs über dem Zielgebiet starke Sturmböen, sodass nur wenige Soldaten die eigentliche Landezone erreichten.

Rund 200 der Fallschirmjäger starben bei der Landung, weil sie von dem starken Wind gegen Hindernisse geschleudert wurden. Hier schlug ein letztes Mal die Stunde des Fliegerkappmessers, denn nur wer sich sofort nach der Landung von seinem Schirm trennen konnte, wurde nicht vom Sturm davongeschleift. Letztendlich konnte sich mit rund 600 nur etwa die Hälfte der abgesprungenen Soldaten sammeln - jeder Zweite war gefallen, verwundet oder Gefangener der Allierten. Der Einheit blieb nichts anderes übrig als sich unverrichteter Dinge wieder zu den deutschen Linien durchzuschlagen.

Abb. 53: In den Kasernen der anderen Waffengattungen der Wehrmacht sollten derartige Plakate Freiwillige für die neue Elitetruppe der Luftwaffe werben. Ziel war es, die leistungsfähigsten Männer in der Luftlandetruppe zu konzentrieren.

FALLSCHIRMJÄGER
MELDUNG BEIM DISZIPLINARVORGESETZTEN

# Die britische Kopie des deutschen Fallmessers

## Raubkopie des Gegners

Im Verlauf der Luftschlacht um England hatten die Briten 1940 und 1941 viele Gelegenheiten gehabt, die Ausrüstung der deutschen Piloten untersuchen zu können. Denn viele der gegnerischen Flugzeugführer waren über der Insel abgeschossen worden und entweder gefallen oder hatten sich in Kriegsgefangenschaft begeben müssen. Das deutsche Fliegerkappmesser hatte offensichtlich das Interesse des für die britische Ausrüstung zuständigen Ministry of Supply geweckt, denn die Behörde stellte umfangreiche Untersuchungen an und befand den deutschen Entwurf als weitaus besser geeignet, als das zu dieser Zeit bei der Royal Air Force ausgegebene Gegenstück. Letzteres bestand aus einem feststehenden Messer mit sichelförmiger Klinge und verdickter stumpfer Spitze.[14] Dadurch war es ausschließlich zum Schneiden geeignet und dies auch nur zum Kappen von Schnüren und ähnlichem. Ein Biwak zu bauen, Feuerholz zu schlagen oder ein erlegtes Stück Wild auszuweiden, wäre mit diesem Werkzeug schwierig wenn nicht unmöglich gewesen. Also beschloss die britische Beschaffungsbehörde gegen Ende des Jahres 1943, dass ihre Piloten ein zweckmäßigeres Survivalwerkzeug benötigten und veranlasste die massenhafte Fertigung einer exakten Kopie des deutschen Fliegerkappmessers.

Zu diesem Zweck kontaktierte das Ministerium zuerst die in Sheffield ansässige Firma George Ibberson & Co. Ltd. Auf die Anfrage, wie rasch das Messer in Tausenden produziert werden könne, teilte das Unternehmen mit, dass die Fertigungsanlagen in rund sechs Monaten bereitstehen könnten. Daraufhin erteilte das Ministry of Supply den Auftrag zur Produktion von 30.000 Exemplaren.[15] Die Größe der Order macht deutlich, wie sehr sich das knapp drei Jahre zuvor noch kurz vor dem militärischen Zusammenbruch stehende Königreich wieder gefasst hatte und zu welchen Leistungen die britische Kriegswirtschaft mittlerweile fähig war. Ibberson hielt den anberaumten Zeitplan ein und begann noch vor Mitte des Jahres 1944, seine Kopie des Fallmessers der deutschen Luftwaffe in Serie zu produzieren. Dabei hielt das Unternehmen die Abmessungen der Vorlage millimetergenau ein und vergrößerte lediglich die Aussparung in einer Griffschale, die das Ausklappen des Dorns erlaubte. Wahrscheinlich wollten die Konstrukteure das Bedienen des Dorns auch einer behandschuhten Hand ermöglichen.

---

14 Vgl. von Halasz et al. 1998, S. 57

15 Vgl. Stephens 1994, S. 87, 91

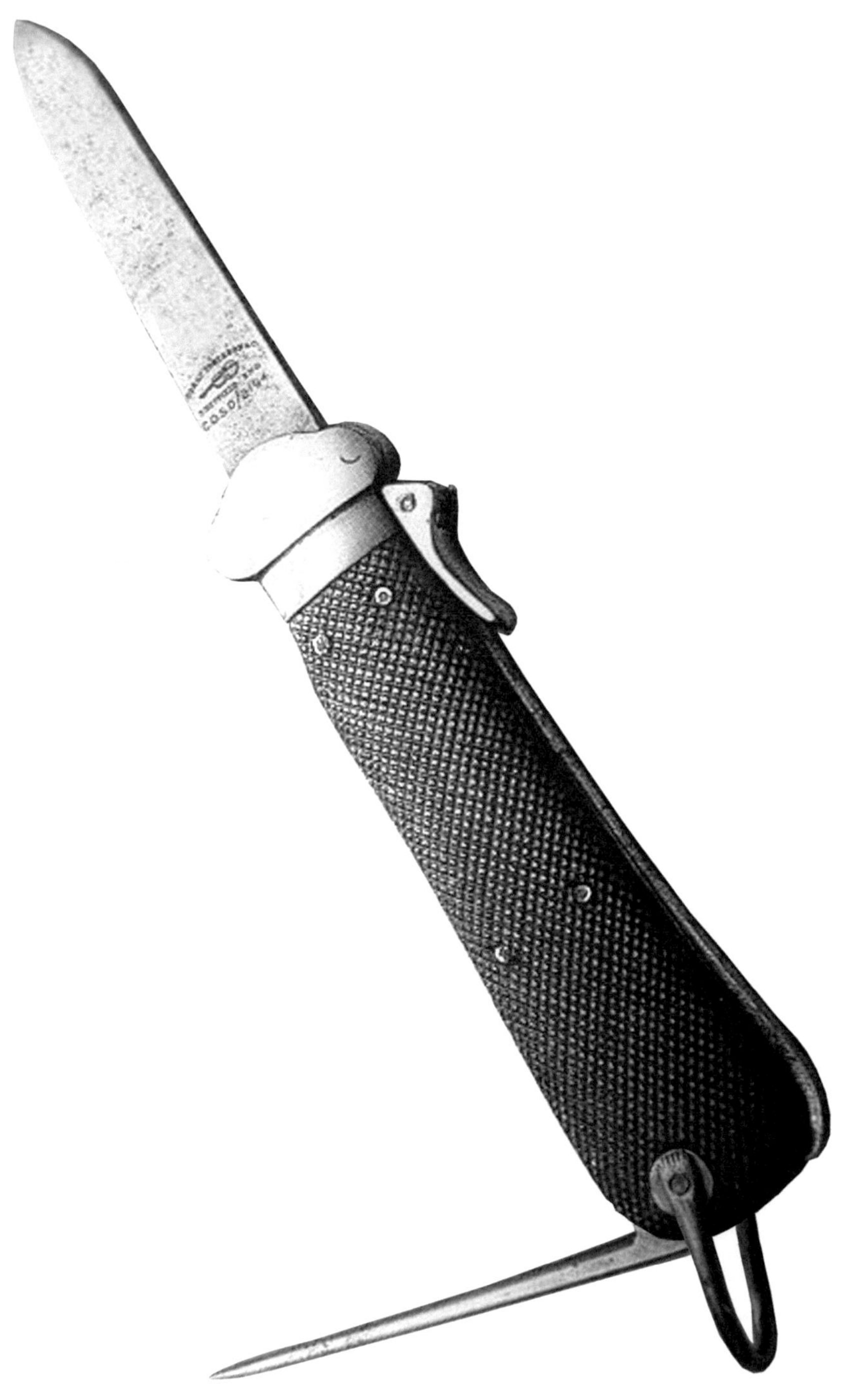

Hauptunterscheidungsmerkmal zwischen dem deutschen und dem britischen Fallmesser sollten jedoch die Griffschalen werden. Denn das Ministry of Supply wünschte sich kreuzweise geriffelte statt glatter Griffschalen. Ibberson empfahl seinem Auftraggeber deshalb, vom Material Holz abzusehen und stattdessen den Kunststoff Bexoid zu verwenden. Das Material wies ähnliche Eigenschaften wie Celluloid auf und war seit Beginn des Zweiten Weltkriegs Standard für die Griffschalen von militärischen Taschenmessern bei der britischen Armee. Und genau an denen orientierte sich auch die Gestaltung der Schalen für das britische Fallmesser, denn sie behielten zwar die gerundete Form des deutschen Vorbilds bei, erhielten jedoch eine kreuzweise Riffelung, wie am britischen „clasp knife" gebräuchlich. Ein weiteres Unterscheidungsmerkmal ist die ausschließliche Verwendung von Karbonstahl für die Metallteile des Messers. Bislang sind jedenfalls keine authentischen Exemplare aus rostfreiem Stahl in Erscheinung getreten.

Abb. 54 und 55: Erst die zweite Tranche des von Ibberson gefertigten Fallmessers trug sein Firmenzeichen und die C. O. S. D.-Inventarnummer. Die ersten 30.000 Exemplare verließen das Werk komplett unmarkiert.

Interessanterweise bestand das Ministry of Supply bei der Bestellung der ersten 30.000 Exemplare darauf, dass die Messer keinerlei Markierungen tragen sollten, die ihre Herkunft in irgendeiner Weise nachvollziehbar hätte machen können. Also trug diese Tranche weder Ibbersons Firmenzeichen noch Abnahmestempel oder andere behördliche Markierungen. Ist das Ibberson Fallmesser schon eine extreme Seltenheit auf dem internationalen Sammlermarkt, so sind diese unmarkierten Messer noch einmal eine ganz besondere Rarität. Es ist anzunehmen, dass diese erste Lieferung für Sondereinsätze von Spezialeinheiten wie den British Commandos, des Special Air Service (SAS)

1897

PLATE 10.
PARACHUTE KNIFE (OPEN). COSD/2194. PAGE 35.

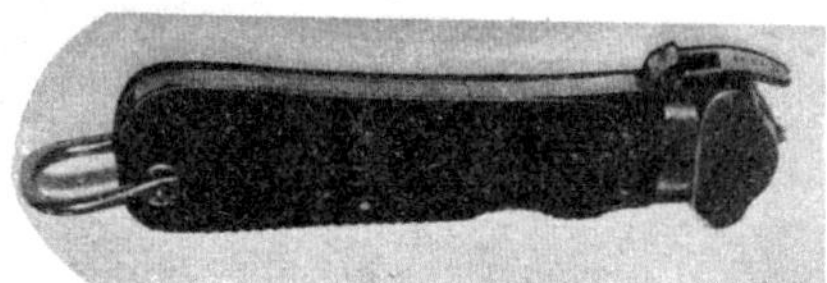

1900

PLATE 11.
PARACHUTE KNIFE (CLOSED)

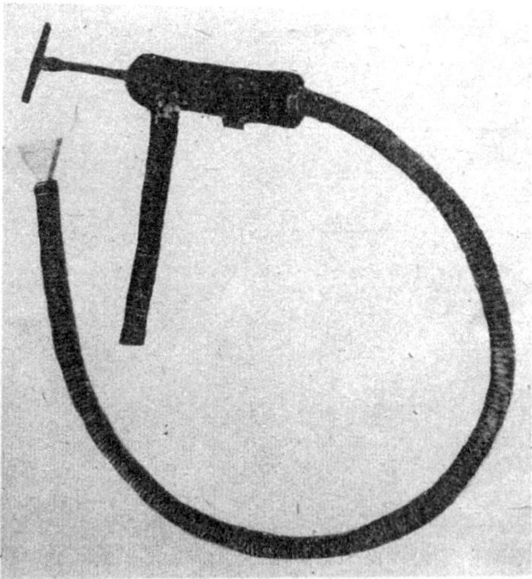

1895 N

PLATE 12.
BILGE PUMP c/w HOSE AND FISHTAIL INTAKE.
COSD/2258. PAGE 31.
(NOTE: DRILLED PLATES FOR FIXING).

1900

PLATE 13.
UNO STENCIL. COSD/2311. PAGES 43 - 43.

oder gar des für Sabotage und Subversion zuständigen Geheimdienstes Special Operations Executive (SOE) vorgesehen waren. Und entsprechend häufig gingen sie verloren oder wurden im Einsatz so stark beschädigt, dass eine Reparatur nicht mehr infrage kam. Ein vom Chief of Combined Operations 1944 herausgegebenes Ausrüstungsinventar für amphibische Operationen führt das Ibberson Fallmesser unter der Nummer COSD/2194. Die britische Beschaffungsbehörde scheint jedoch schon bald nach Auslieferung der ersten Messer zu dem Schluss gekommen zu sein, dass der neue Ausrüstungsgegenstand auch für „normale" Einsätze von Vorteil sein könnte. Deshalb bestellte das Ministerium bereits die nächsten 30.000 Exemplare, bevor der erste Auftrag überhaupt abgeschlossen war. Diese zweite Tranche musste nunmehr nicht mehr „anonym" das Licht der Welt erblicken, sodass Ibberson sein weltbekanntes Signet mit der Geige und auch die COSD-Nummer, unter der das Ministry of Supply das Messer führte, auf die Klinge ätzte.[16]

Im weiteren Verlauf des Jahres 1944 wurde der Bedarf an Fallmessern offenbar immer größer, denn nach Auslieferung der zweiten Tranche erhielt Ibberson eine dritte Order über 30.000 Exemplare. Zugleich beauftragte des Ministry of Supply die ebenfalls in Sheffield ansässige Blankwaffenschmiede Joseph Rodgers mit der Herstellung von 30.000 Exemplaren des Ibberson Messers. Der Urheber des britischen Fallmessers erhielt die Weisung, den Branchenkollegen bei der Ausrüstung seines Maschinenparks zu unterstützen und Blaupausen, Lehren und Musterstücke weiterzugeben. Da bislang kein britisches Fallmesser mit der Herstellermarke der Firma Rodgers aufgetaucht ist, scheint dieses Unternehmen ausschließlich unmarkierte Messer ausgeliefert zu haben. Wie viele Messer Rodgers und auch Ibberson bis Kriegsende insgesamt gefertigt haben, ist heute leider nicht mehr nachweisbar. Sicherlich kann jedoch von einer Gesamtzahl von 120.000 bis 150.000 Messern ausgegangen werden. Leider spiegelt jedoch die Menge der heute auf dem Sammlermarkt befindlichen Messer diese doch bedeutenden Produktionszahlen überhaupt nicht wider. Da nicht zu erwarten ist, dass sie seit rund 60 Jahren in britischen Arsenalen der Vergessenheit anheimgestellt sind, wird die Mehrzahl wohl nach Kriegsende vernichtet worden sein.

Abb. 56: Ausrüstungsverzeichnis der British Commandos für amphibische Operationen: Das Ibberson-Fallmesser ist unter der Inventarnummer COSD/2194 geführt. Ob es sich bei dem abgebildeten Exempßlar um ein markiertes oder „anonymes" Exemplar handelt, ist leider nicht zu sehen, da lediglich die rechte Seite des Messers abgebildet ist. Quelle: National Archives DEFE 2/1370

16 Vgl. Stephens 1994, S. 91

# USA: Jump Knife, Type M2

### Inspiriert aus Deutschland

Nachdem das Deutsche Reich ab 1939 große Teile Europas innerhalb weniger Monate erobert hatte, untersuchten die an diesem Krieg noch unbeteiligten Länder natürlich sehr genau die neuen Kriegstaktiken von Hitlers Armeen. Die USA versuchten zwar bis zum japanischen Überfall auf Pearl Harbour am 7. Dezember 1941, sich so gut es ging von diesem Konflikt zu distanzieren, jedoch wird Präsident Roosevelt sehr klar gewesen sein, dass sein Land über kurz oder lang auch in Kampfhandlungen verwickelt sein würde. Inoffiziell unterstützten die USA schon zu einem sehr frühen Zeitpunkt Großbritannien, das nach dem Fall Frankreichs als einzige europäische Nation dem Wüten der Nazis die Stirn bot.

Aus dieser Zusammenarbeit wird sich für die US-Militärs die Möglichkeit ergeben haben, von den Briten während der Luftschlacht um England erbeutete Ausrüstung der deutschen Luftwaffe zu untersuchen. Offensichtlich waren die Fachleute von jenseits des Atlantiks von dem deutschen Fliegerkappmesser ebenso angetan wie ihre britischen Waffengefährten in spe. Denn schon ab Mitte 1940 begannen die US-Fallschirmtruppen, verschiedene Messer aus heimischer Produktion auf ihre Eignung als Kappmesser für die Sprungausrüstung zu untersuchen. Dazu orderten sie unter anderem 50 Exemplare eines schon vor dem Krieg von der Schrade Cutlery Company in Bridgeport, Connecticut hergestellten Springmessers. Im Dezember 1940 führten sie es es als „Knife, Pocket, M2" für die Fallschirmjäger ein und beschafften es zu Tausenden.

Hinter der Einführung dieses Messers stand eine gänzlich andere Denkweise als bei dem deutschen Entwurf. Das Schrade Springmesser sollte keinem anderen Zweck dienen, als Fallschirmleinen zu kappen. Also konnte es erheblich leichter und fragiler gebaut sein, als sein deutsches Gegenstück, das immerhin rund ein halbes Pfund auf die Waage brachte. Auch war es erheblich kleiner als das deutsche Fallmesser. Was die Verschmutzungsanfälligkeit betraf, so werden die beiden Entwürfe mehr oder weniger gleichwertig gewesen sein. Da jedoch das M2 Springmesser zur Seite öffnet, gibt es daran keinen Hohlraum, aus dem der Besitzer Taschenfussel oder andern Schmutz nicht hätte entfernen können. Der Öffnungsmechanismus besteht aus einer in geschlossenem Zustand dauerhaft unter Spannung stehenden Flachfeder, auf der die Klinge mit der Fehlschärfe aufliegt. Die Klingenarretierung wird durch einen Druckknopf bedient, der mithilfe einer Schiebesicherung gegen versehentliches Öffnen gesichert werden kann.

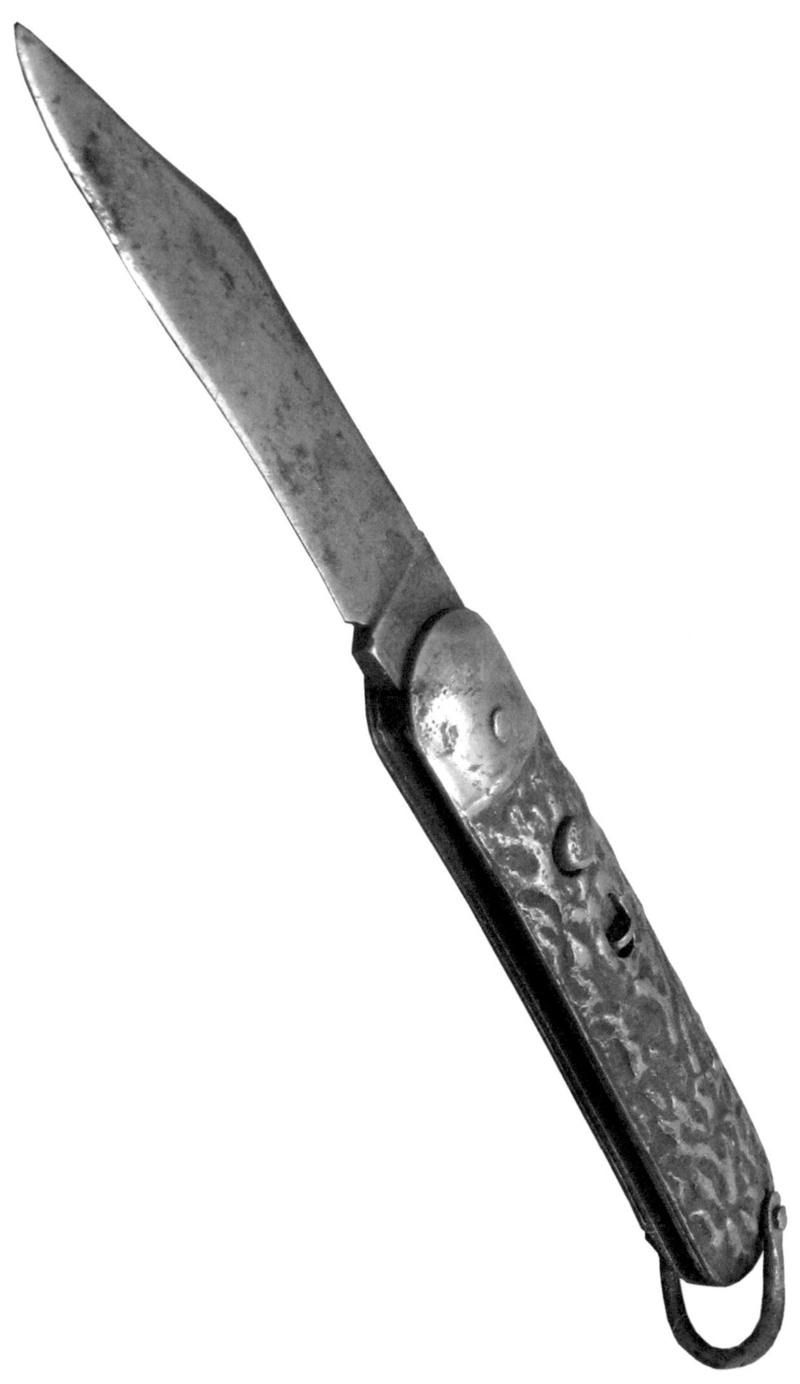

Abb. 57 und 58: Links das „Knife Pocket, M2“ der US-Fallschirmjäger. Seine Griffschalen aus geprägtem Stahlblech imitierten die gerillten Knochenschalen der Zivilversion. Oben der Auslöseknopf im Detail: Wer im Einsatz Handschuhe trug, tat gut daran, das Messer nicht mit der Schiebesicherung zu blockieren – im Ernstfall hätte er sonst das Messer nur schwer öffnen können.

Das M2 Springmesser hatte im „ M42 jump jacket“ seinen Platz in einer mit zwei Reißverschlüssen versehenen Messertasche im oberen Brustbereich. Dort konnte es der Fallschirmjäger in den meisten Fällen mit einer seiner beiden Hände erreichen, egal wie unglücklich er sich in seinen Fallschirmleinen verheddert hatte. Die ersten vom US-Militär genutzten Ausführungen entsprachen noch den von Schrade für den Zivilmarkt gefertigten Exemplaren, mit polierten Klingen und Beschlägen sowie rötlich braun gebeizten Griffschalen aus Knochen. Die Klingenlänge betrug 7,6 cm, die Gesamtlänge (geöffnet) 19,5 cm. Das Ricasso der Klinge trug die Aufschrift „Schrade Cut. Co. Walden N.Y.“.

Bald zeigte sich, dass die Griffschalen aus Knochen dem harten Militärgebrauch nicht gewachsen waren. Deshalb führten die US-Fallschirmtruppen bald ein modifiziertes Modell mit Griffschalen aus geprägtem, schwarz lackiertem Stahlblech ein. Diese behielten jedoch die wellige Oberfläche der Knochenschalen bei. Die Abmessungen blieben zunächst noch identisch mit denen ihres Vorgängers. Im Vorfeld der Operationen im Zusammenhang mit der Landung in der Normandie am 6. Juni 1944 wurde schließlich eine Tranche beschafft, deren Klinge mit 9,5 cm deutlich verlängert wurde. Die Gesamtlänge beträgt hier geöffnet 22,2 cm. Beide Ausführungen mit Blechschalen tragen auf einer Seite des Ricassos die Aufschrift „Geo. Schrade Bridgeport Conn." und auf der anderen „Presto", den Markennamen, unter dem das Messer in der Vorkriegszeit von Schrade gehandelt wurde.

Abb. 59: Die zivile „Presto"-Version des Schrade-Springmessers, zur Wartung geöffnet: Das Innenleben besteht zum größten Teil aus Blechprägeteilen und ist somit schnell und preiswert zu produzieren. Zum Zerlegen ist jedoch Sachkenntnis und Werkzeug erforderlich. Unter Einsatzbedingungen ist es kaum möglich.

# Entwicklung ab 1945

## Traditionspflege in beiden deutschen Staaten

### Bundeswehr

Das Ende des Zweiten Weltkriegs sollte jedoch nicht den Schwanengesang des Fallmessers in den Luftstreitkräften Europas einleiten. Denn die Fliegerkappmesser der deutschen Luftwaffe verschwanden zwar nach 1945, entweder als Beutestücke in den Händen alliierter Soldaten oder sie erhielten einen Ehrenplatz auf dem Kaminsims ihrer ehemaligen Besitzer. Doch die bundesdeutschen Streitkräfte führten schon recht bald nach ihrer Gründung 1956 ein neues Fallmesser ein.

Dabei blieb man nicht etwa bei dem althergebrachten Produkt, sondern versuchte, den bisherigen Entwurf weiterzuentwickeln. Das neue Kappmesser blieb zwar von der Konstruktion her ein Fallmesser, geriet allerdings deutlich schlanker als sein Vorgänger mit Nazivergangenheit. Dies ermöglichte in erster Linie der Verzicht auf den ausklappbaren Dorn, der in der Praxis möglicherweise selten zum Einsatz gekommen war. Auch ersetzten die Konstrukteure den althergebrachten Schließhebel durch einen gefederten Drücker, mit dem sich das Messer erheblich schneller und einfacher öffnen ließ, gerade mit einer behandschuhten oder durch Kälte oder Schock unbeweglich gewordenen Hand. Da das Messer dadurch nicht mehr gegen unbeabsichtigtes Öffnen gesichert war, wies es an der Mündung eine gefederte Klappe auf, die die Klinge am Herausgleiten hinderte, wenn der Auslösehebel gedrückt und das Messer nach unten gerichtet wurde. Erst wenn der Verwender eine Schleuderbewegung ausführte, reichte die Schwerkraft der Klinge aus, um die Federkraft der Sicherung zu überwinden. Die Klappe hatte darüber hinaus die Aufgabe, das Innenleben des Messers, wenn außer Gebrauch, in sich geschlossen und weitgehend vor Verschmutzung geschützt zu halten.[17] Zu dieser Konstruktion wird die Überlegung geführt haben, dass die meisten Verwender der Wartung eines zur Notfallausrüstung gehörenden Messers möglicherweise nicht die nötige Aufmerksamkeit schenken würden und deshalb im Ernstfall doch nicht vor dessen Versagen geschützt wären.

Ob die Änderungen auf die Wünsche der Beschaffungsstellen der Bundeswehr oder den Vorschlag eines Messerherstellers zurückzuführen sind, ist heute nicht mehr nachvollziehbar. Entwickelt hatte das neue Kappmesser jedoch höchstwahrscheinlich der mittlerweile unter dem Markennamen „Othello" firmierende Solinger Hersteller Anton Wingen. Er und die ebenfalls in der westdeutschen

17 Vgl. von Halasz 1996, S. 312f

Abb. 60 und 61: Das Fallmesser der Firma Othello (Anton Wingen, Solingen) befand sich in den 1960er- bis 1970er-Jahren ebenfalls in Truppengebrauch. Im Gegensatz zu dem zuvor beschriebenen Typ weist dieses Modell wesentliche Verbesserungen auf. Neben der deutlich schlankeren und damit handlicheren Gestaltung verzichtete der Hersteller auf den Dorn, verbesserte den Auslösehebel und fügte eine gefederte Staubschutzklappe über der Klingenöffnung hinzu.

Klingenmetropole angesiedelten Unternehmen Weyersberg Kirschbaum (WKC) und Carl Eickhorn teilten sich dann die Aufträge für die Fertigung der Erstausstattung der bundesdeutschen Armee. Die Bundeswehr führte die Neukonstruktion jedenfalls 1956 unter der Versorgungsnummer 1095-12-120-1119 ein, und zwar nicht nur als Kappmesser bei den Fallschirmjägern, sondern auch zum allgemeinen Gebrauch bei den Panzerbesatzungen. Kurz nach Ausgabe der ersten Exemplare an die Truppe änderte die Beschaffungsbehörde die „Vorläufigen Technischen Lieferbedingungen“ (VTL) dieses Ausrüstungsteils noch einmal dahingehend, dass nunmehr der Bundesadler als erhabenes Relief auf einer der Griffschalen aufgebracht sein sollte. Die neue Versorgungsnummer dieses geänderten Typs lautete 7340-12-120-1119.[18] Die Klingen tragen meist auf dem Ricasso die Herstellermarke, die Bezeichnung „Rostfrei“ sowie die letzten beiden Stellen des Fertigungsjahres. Der Staubschutzdeckel über der Griffmündung trägt üblicherweise auf seiner Innenseite Monat (in römischen Ziffern) und Jahr (wieder nur die letzten beiden Stellen) der Indienststellung. Jedoch fehlen die Markierungen auf der Klinge oder die auf der Staubschutzklappe an nicht wenigen Messern, ohne das deren Echtheit infrage

18 Vgl. Pohl 2005, S. 46

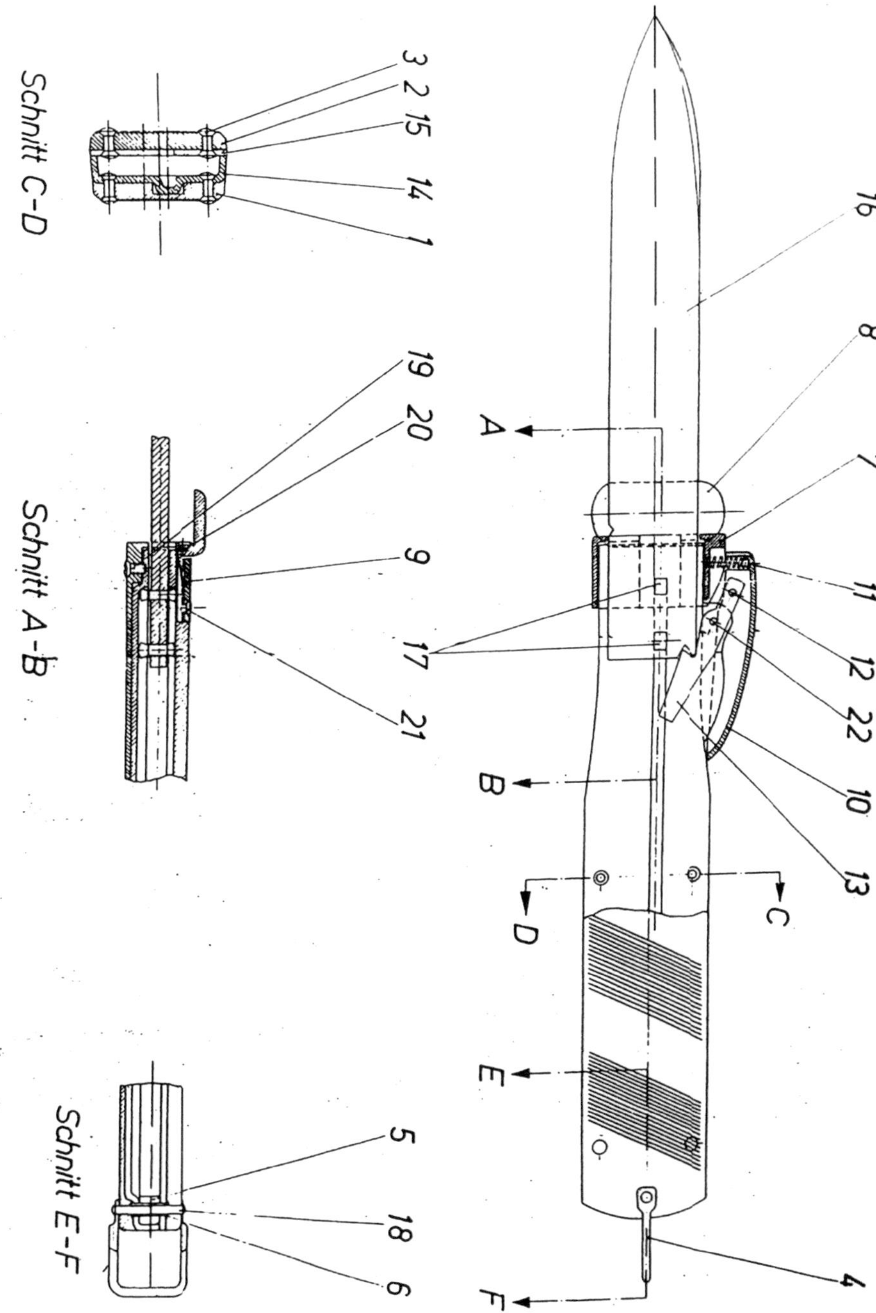


Abb. 62: Zeichnung des Kappmessers von 1957 aus den VTL der Bundeswehr.

steht.[19]
Die frühe Ausführung ohne Adler ist heute weitaus seltener als das Nachfolgemodell und daher von Sammlern hoch geschätzt. Auch scheint der Großteil beider Varianten von Othello, also Anton Wingen gefertigt worden zu sein. Die von WKC und Eickhorn gefertigten Exemplare erzielen deshalb auf dem Sammlermarkt bei gleichem Erhaltungszustand stets die höheren Preise.

Die Einsatzerfahrungen mit dem neuen Fallmesser scheinen nicht überzeugend gewesen zu sein, denn nur sieben Jahre später, 1963, musterte es die Bundeswehr bereits wieder aus und ersetzte es durch einen Entwurf, der nunmehr in den groben Umrissen wieder dem Fliegerkappmesser des Zweiten Weltkriegs entsprach, jedoch einen Griffkörper aus olivgrünem ABS-Kunststoff aufwies. Dieser war ebenso voluminös wie der des Kriegsmodells, da der ausklappbare Dorn nunmehr wieder in das Messer integriert war.[20] Auch der Schließmechanismus blieb dem Vorgängermodell von Hitlers Luftwaffe treu, jedoch befand sich die Schließfeder bei diesem Entwurf im Griffkörper und war nicht mehr mit der Klingenführung vernietet.

Neu war auch eine Verdickung am Backenstück, die wahrscheinlich als Schlaghammer dienen sollte. Das Backenstück bestand aus Stahlfeinguss, es war, wie der Sperrhebel, schwarz lackiert. Dorn und Klinge bestanden dagegen aus matt poliertem rostfreiem Stahl. Bei diesem Entwurf war es auch wieder möglich, das Messer ohne Spezialwerkzeug zum Reinigen zu zerlegen. Es wurde nur an die Fallschirmjäger ausgegeben. Entsprechend lautete die offizielle Bezeichnung „Kappmesser für LL-Truppe“, die Bundeswehr führte es un-

Abb. 63: Kappmesser der Bundeswehr aus der Fertigung der Firma Otto Förster, Witzhelden (OFW). Das Griffstück besteht aus olivgrünem Kunststoff, Backenstück und Auslösehebel aus schwarz lackiertem Stahl.

19 Vgl. von Halasz 1996, S. 247
20 Vgl. von Halasz 1996, S. 248

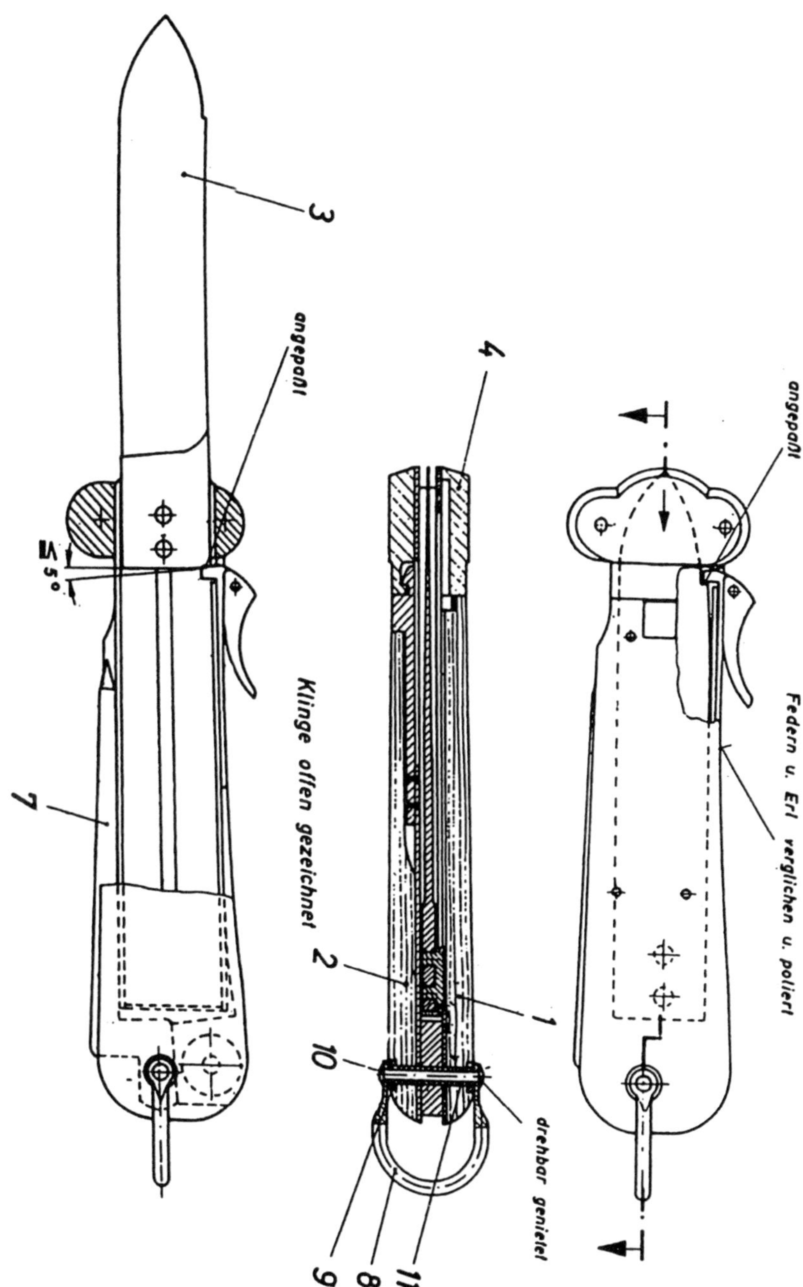


Abb. 64: Zeichnung des Kappmessers von 1963 aus den VTL der Bundeswehr.

Abb. 65 und 66: Kappmesser der bundesdeutschen Fallschirmjäger in der Kurzversion mit Flaschenöffner. Diese auch auf dem Zivilmarkt angebotene Variante setzte einen vorläufigen Schlusspunkt in der über 50-jährigen Entwicklungsgeschichte des deutschen Fallmessers. Die Bezeichnung „AES 78“ auf der Griffschale steht für „Annette Eickhorn, Solingen“, ein nach der Insolvenz von Carl Eickhorn 1976 neu gegründetes Unternehmen.

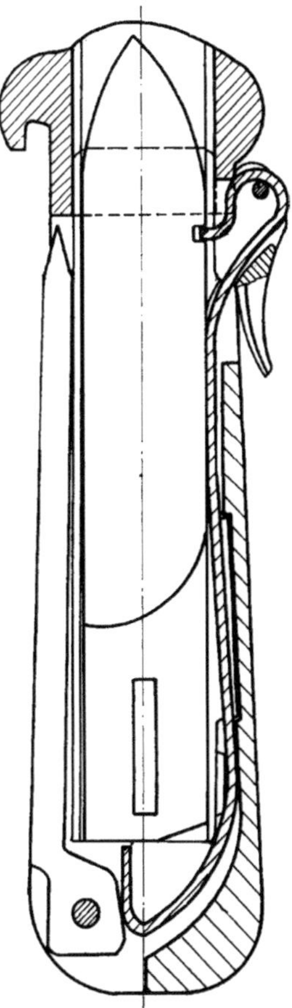

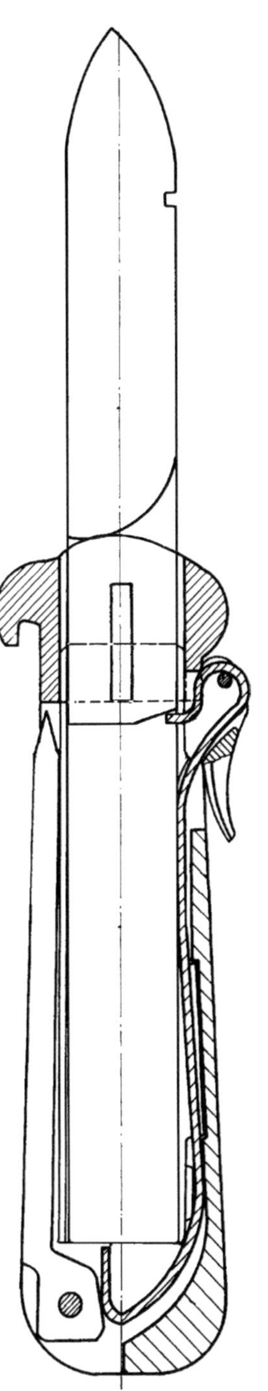

ter der Versorgungsnummer 7340-12-140-1031. Die Aufträge zur Herstellung der Neukonstruktion sicherten sich nun die Württembergische Metallwarenfabrik (WMF), Carl Eickhorn, Solingen sowie Otto Förster Witzhelden (OFW).[21] Bei dieser Ausführung sind Herstellermarke, Fertigungsjahr und zum Teil auch die Bezeichnung „Rostfrei" auf die linke Klingenseite eingeätzt. Da viele der ehemals militärisch genutzten Messer deutliche Gebrauchsspuren aufweisen, darf jedoch das Fehlen dieser Markierungen nicht wundern - viele der Klingen wurden bereits mehrfach überschliffen, sodass die nur recht oberflächliche Ätzung schlicht abgetragen wurde. Die Griffschalen der ersten Fertigungsjahre tragen den Eigentumsstempel „Bw" auf der linken Seite des Messers eingeprägt. Nach 1980 hergestellte Exemplare tragen an gleicher Stelle stattdessen die Prägung „BUND". Dies hatte das Beschaffungsamt zuvor in einer dahingehend geänderten VTL festgelegt.[22]

Als das bundesdeutsche Waffengesetz dahingehend geändert wurde, dass Spring- und Fallmesser nur noch bis zu einer Klingenlänge von maximal 85 mm zulässig waren, wurde das nunmehr als „LL-80" bei der Luftwaffe geführte Fallmesser entsprechend verkleinert. Die Erfahrung hatte wahrscheinlich gezeigt, dass viele Bundeswehrangehörige das Messer nach Beendigung ihrer Dienstzeit einfach als verloren meldeten und mit nach Hause nahmen. Um zu verhindern, dass zu viele dieser nunmehr als „verbotene Gegenstände" eingestuften Messer unter das Volk kamen, passten die Beschaffungsämter die Fliegerkappmesser lieber den neuen gesetzlichen Gegebenheiten an. Ironischerweise ließen sie zugleich das in die Backen integrierte Schlagstück in einen Flaschenöffner ändern. Dies ist bis heute der Quell großen Amüsements in Sammlerkreisen, waren Kronkorken doch zum Zeitpunkt der Änderung fast ausschließlich an Bierflaschen gebräuchlich.

In den vergangenen Jahren sind große Mengen des Kappmessers der LL-Truppe auf dem Sammlermarkt angeboten worden. Somit ist davon auszugehen, dass die Bundeswehr im Begriff ist, sich von diesem Ausrüstungsteil zu trennen. Als Kappmesser für Flugzeugbesatzungen dient ohnehin seit langem ein Schneidgerät mit Einwegklinge, das als Bestandteil der jeweiligen Fliegerkombi zusammen mit dem Kleidungsstück ausgegeben wird. Die Klinge dieses „Fallschirmfangleinenschneiders" ist in einem sichelförmigen Plastikgriffkörper so verborgen, dass ausschließlich Fallschirmleinen oder Anschnallgurte damit durchtrennt werden können. Eine Verletzung des Verwenders oder anderer Personen ist daher weitgehend ausgeschlossen.

21 Vgl. Pohl 2005, S. 48f
22 Vgl von Halasz 1996, S. 249

Abb. 67 und 68: Die „Fliegerkombination Seenot“ der Bundesluftwaffe soll das Besatzungsmitglied nach einer Notlandung vor Auskühlung schützen. Am rechten Oberschenkel des Anzugs ist der „Fallschirmfangleinenschneider“ in einer speziell dafür vorgesehenen Tasche untergebracht.

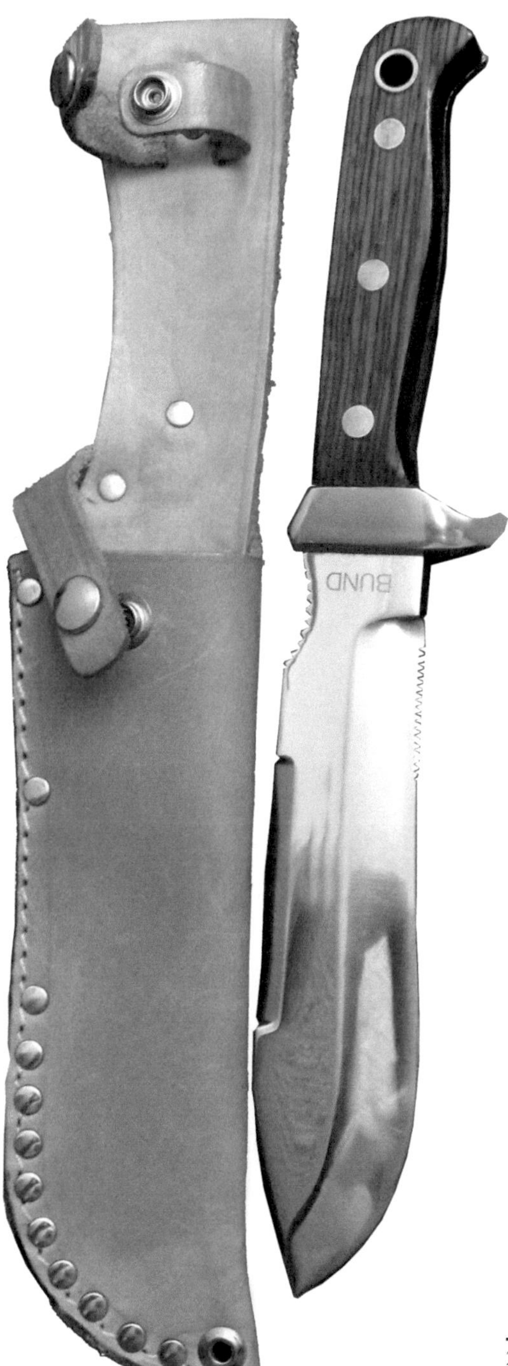


Sei es aufgrund der immer komplizieren Rechtslage bezüglich des Fallmesserkonzepts oder der Tatsache, dass die Konstruktion sich nicht als genügend robust erwies: Das fliegende Personal der Bundeswehr erhielt ab Mai 1967 auch ein Kappmesser, das zugleich als Überlebenswerkzeug dienen konnte. Ursprünglich hatte es der Solinger Hersteller Puma als „Automesser" für den Zivilmarkt entwickelt. Auf der Suche nach einem feststehenden Messertyp, mit dem es auch möglich war, im Extremfall die Cockpithaube eines Düsenjägers aufzuhebeln, hatte sich das Bundesamt für Beschaffung für das Erzeugnis des Traditionsherstellers entschieden. In der TL 7340-0010 verordnete die Behörde dem Messer sogar einen Biegetest, den es zur Abnahme bestehen musste.[23] Bis auf die Markierung „BUND" auf dem linken Ricasso entsprachen die Messer vollständig der Puma-Zivilversion. Lediglich die Scheide erhielt im Ortbereich zusätzliche Messingnieten zur Verstärkung, wohl um den höheren Belastungen in einem Flugzeugcockpit widerstehen zu können.[24]

Abb. 69: Das Puma „Automesser", für den militärischen Gebrauch, mit dem Stempel „BUND" auf dem Ricasso. Zehn zusätzliche Nieten im Bereich der Klingenspitze geben der Lederscheide zusätzliche Stabilität.

23 Vgl. Pohl 2005, S. 42
24 Vgl. von Halasz 1996, S. 254f

**Nationale Volksarmee**

Auch die Nationale Volksarmee der Deutschen Demokratischen Republik (DDR) führte bei Gründung ihrer Luftlandetruppe ein Fallmesser ein. In der sozialistischen Hälfte Deutschlands hatte der Minister für Nationale Verteidigung, Willi Stoph, gegen Ende 1959 die Aufstellung eines Luftlandebataillons veranlasst.

Erst im Oktober 1960 allerdings erfolgte dann die Gründung des „Mot.-Schützenbataillons 5" (MSB 5). Erste Fallschirmabsprünge konnte die Einheit im September 1961 ausführen. Das Bataillon bestand bis dahin aus lediglich zwei Fallschirmjägerkompanien mit je 80 Soldaten. Im Februar 1962 beschloss der Nationale Verteidigungsrat der DDR die Umbenennung des Verbandes in „Fallschirmjägerbataillon 5" (FJB-5). Erst damit besaß die NVA offiziell Fallschirmjäger oder Luftlandetruppen. Die Gesamtstärke des FJB-5 betrug zu diesem Zeitpunkt 465 Mann. Im September 1969 erhielt das Fallschirmjägerbataillon den Beinamen „Willi Sänger", zu Ehren des gleichnamigen kommunistischen Wiederstandkämpfers. Ab Ende 1971 hieß die Einheit dann „Fallschirmbataillon 2" (FJB-2), ab Ende 1972 „Fallschirmjägerbataillon 40" (FJB-40). Von 1986 bis zur Wende lautete ihr Name schließlich „Luftsturmregiment 40"(LStR 40), immer noch mit dem Beinamen „Willi Sänger".

Abb. 70: Das Fallmesser der NVA-Luftlandetruppen. Die Griffschalen dieses Exemplars bestehen aus Buche, die Beschläge des Griffs aus Stahl.

Das Kappmesser der DDR-Fallschirmjäger unterschied sich weit weniger von seinem Vorgänger aus dem Krieg als westdeutsche Konstruktionen. Mit glatten Buchengriffschalen, Schließhebel, Riemenbügel und Dorn entsprach es seinem Vorbild sehr genau. Lediglich das Backenstück wies nicht die charakteristische Kleeblattform, sondern eine einfache Rundung auf. Darüber hinaus trug es den Stempel „NVA" sowie eine dreistellige Nummer, wahrscheinlich eine Seriennummer. Entscheidender Unterschied allerdings: Bei dem ostdeutschen Produkt

Abb. 71: Staatsratsvorsitzender Erich Honnecker 1984 zu Besuch beim Luftsturmregiment 40. Zu diesem Zeitpunkt hat das Fallmesser bereits nicht mehr zur Ausrüstung der Eliteeinheit gezählt.

fehlte die Zerlegemöglichkeit.[25] Das Messer ist heute eine ausgesprochene Rarität und wird eigentlich nie auf dem Sammlermarkt angeboten. Entsprechend liegen die Preise für zumindest leidlich gut erhaltene Exemplare meist weit im vierstelligen Euro-Bereich. Das Fallmesser wurde alsbald durch ein zweisschneidiges feststehendes Messer mit stumpfer Spitze ausgetauscht.[26] Damit trug jeder Angehörige des Fallschirmjägerbataillons ein Messer bei sich, mit dem er sich schnell und sicher aus einem eventuell verfangenen Schirm befreien konnte, ohne sich selbst zu gefährden. Zum Nahkampf und als Überlebenswerkzeug trug er ein Bajonett für sein AK-47 oder AK-74 Sturmgewehr.

Abb. 72: Der Nachfolger des NVA-Fallmessers. Eine sehr viel einfachere, aber höchstwahrscheinlich effektivere Konstruktion.

25 Vgl. von Halasz 1996, S. 237
26 Vgl. Pohl 2005, S. 81–84

**Zivile Nachkriegsproduktion**

Nach 1945 begann sich die Schneidwarenindustrie in Solingen nur langsam von den Folgen der massiven alliierten Bombardierungen zu erholen. Die Werksgebäude und Maschinen der seit dem 16. Jahrhundert dort ansässigen Firma Weyersberg Kirschbaum waren dabei fast vollständig zerstört worden, sodass die Produktion völlig zum Erliegen gekommen war. Damit muss auch ein Großteil der für die Herstellung des Fliegerkappmessers benötigten Einrichtungen und Spezialwerkzeuge vernichtet worden sein. Dennoch begann das Unternehmen etwa Mitte der 1950er-Jahre damit, das 2. Modell des Luftwaffe-Fallmessers wieder herzustellen. Es wurde ausschließlich auf dem zivilen Markt angeboten. Ob die Zielsetzung der Firma war, im Zuge der Wiederbewaffnung lukrative Aufträge von der Bundeswehr zu erhalten, ist heute nicht mehr feststellbar.

Da das Unternehmen zu dieser Zeit erste große Aufträge aus den USA zur Herstellung von Ehrensäbeln für die Navy und das Marine Corps erhielt, ist ein guter Kontakt auch zu westdeutschen Beschaffungsstellen jedoch sehr wahrscheinlich. Dennoch sollte dieser exakten Kopie des Kriegsmodells keine erneute militärische Karriere beschieden sein. Weyersberg scheint diese Ausführung auch nur über einen kurzen Zeitraum in kleinen Stückzahlen produziert zu haben, denn die Stücke sind heute ausgesprochen selten. Möglicherweise hat die deutsche Waffengesetzgebung auch hier wieder eine Rolle gespielt. Allerdings ist ohnehin fraglich, was ein Zivilist mit einem solchen doch recht klobigen und schweren Messer eigentlich hätte anfangen sollen.

Das Fallmesser blieb jedoch Bestandteil der deutschen Messertradition und viele Solinger Hersteller behielten Messer mit diesem Verschlussmechanismus in ihrem Programm, solange sie mit dem deutschen Waffenrecht vereinbar waren. Diese Ausführungen waren dann meist deutlich kleiner und leichter gehalten als die militärisch genutzten Exemplare. Sie entsprachen mehr den handelsüblichen Taschenmessern und wiesen selten Klingenlängen von mehr als acht Zentimetern auf. Alle diese Zivilversionen weisen jedoch keine Zerlegemöglichkeit mehr auf. Waren sie durch Verschmutzung dauerhaft blockiert, konnte sie der Besitzer nur zum Kundendienst an den jeweiligen Hersteller einschicken.

Abb. 73: Die Nachkriegsversion des Luftwaffe-Fallmessers der Firma Weyersberg. Auf dem heutigen Sammlermarkt eine absolute Rarität. Quelle: Ken Whitfield.

Abb. 74: Die Solinger Firma Horstator stellte in den 1960er-Jahren dieses Fallmesser her. Vom Umriss her besteht deutliche Ähnlichkeit mit dem Fallmesser der Luftwaffe. Das Innenleben gestaltet sich jedoch komplett anders. Quelle: Ken Whitfield.

Abb. 75: Diese Zivilversion des Bundeswehr-Kappmessers von 1957 wurde von Anton Wingen bis in die späten 1960er-Jahre gefertigt. Bis auf die Griffschalen aus echtem Hirschhorn ist es nahezu baugleich mit dem Militärmodell. Quelle: Ken Whitfield.

Abb. 76: Dieses Fallmesser stammt aus dem gleichen Zeitraum, ist jedoch mit „Gräfrath“ gestempelt. Es unterscheidet sich wesentlich von dem Othello-Modell, beispielsweise durch den Auslösehebel, der dem der Kriegsausführung ähnelt. Quelle: Ken Whitfield.

Abb. 77: Auch dieses Fallmesser wurde von Anton Wingen in den 1960ern unter dem Markennamen „Othello“ angeboten. Auffällig der Auslösemechanismus mit einem Schieber, der in geschlossenem Zustand zugleich die Griffmündung verschließt. Quelle: Ken Whitfield.

Abb. 78: Die Firma Robert Klaas fertigte dieses kleine Ganzstahl-Fallmesser in den 1960er-Jahren. Es ist von sehr guter Qualität und weist einen ungewöhnlichen Verschlussmechanismus auf. Quelle: Ken Whitfield.

Abb. 79: Dieses Othello-Fallmesser wurde von Anton Wingen bis in die 1980er-Jahre gefertigt. Es ähnelt zwar seinem militärischen Vorgänger von 1957, ist jedoch von minderer Qualität und neigt zu Funktionsstörungen. Quelle: Ken Whitfield.

Der Solinger Messerhersteller Eickhorn, nunmehr als „A. Eickhorn GmbH + Co. für Schneidwaren + Waffen KG", meldete die Kurzversion des Bundeswehr-Fallmessers 1996 unter der Anmeldenummer 96116154.4 kurzerhand zum Patent an, veröffentlicht am 15.04.1998 im Patentblatt 1998/16. Das Unternehmen fertigte in den darauf folgenden Jahren verschiedene Varianten, teils mit leuchtend orangem Griff, Wellenschliffklinge und Glasbrecher am Backenstück. Der Vertrieb erfolgte unter der Bezeichnung LL-80. Die Firma bemühte sich erneut um Aufträge der Bundeswehr, jedoch kam es nicht mehr zu einer Einführung des Messers.

Über einen kurzen Zeitraum belieferte Eickhorn dann auch den US-Waffenhersteller Colt, der das Messer unter der Bezeichnung „CSAR" (Colt Search And Rescue) in sein Vertriebsprogramm aufnahm. Diese Ausführung trug weiterhin die Bezeichnung „LL-80" auf der Griffschale, auf der Klinge waren jedoch das Colt-Markenzeichen sowie der Schriftzug „CSAR TOOL" großflächig eingeätzt.

Seit die 2003 erfolgte Novelle zum deutschen Waffengesetz Fallmesser unabhängig von der Größe zu verbotenen Gegenständen erklärt hat, produziert Eickhorn seinen Entwurf nunmehr ausschließlich mit einer Rettungsmesserklinge mit Gurtschneider und stumpfer Spitze. So konnte das Unternehmen beim Bundeskriminalamt einen Feststellungsbescheid erwirken, der das Produkt als Werkzeug einstufte. Damit sind Erwerb, Besitz und Führen in Deutschland weiterhin zulässig.

Seit 2009 firmiert der Solinger Traditionshersteller als „Eickhorn-Solingen Limited" mit Zweigniederlassung in der westdeutschen Klingenmetropole, aber Sitz in Glasgow, Großbritannien. Das Unternehmen fertigt weiter-

Abb. 80 und 81: Links das Modell RT I TAC der Firma Eickhorn-Solingen Ltd., rechts das RT I in zerlegtem Zustand. Bei dem abgebildeten Modell handelt es sich um eine sehr frühe Ausführung, noch mit der Stempelung „AES" auf dem orangen Griffstück.

hin Militär-, Polizei-, Freizeit-, Jagd- und Rettungsmesser von hoher Qualität, so auch zwei Fallmessermodelle unter der Bezeichnung RT I und RT I TAC. Diese wurden von der Bundeswehr nicht mehr offiziell eingeführt, jedoch erwerben sie Soldaten möglicherweise privat und setzen sie dienstlich ein. Erfolgreicher war Eickhorn, als die deutschen Streitkräfte nach einem neuen Standard-Kampfmesser mit feststehender Klinge suchten: Die Firma setzte sich mit ihrem KM 2000 gegen ihre Mitbewerber durch.

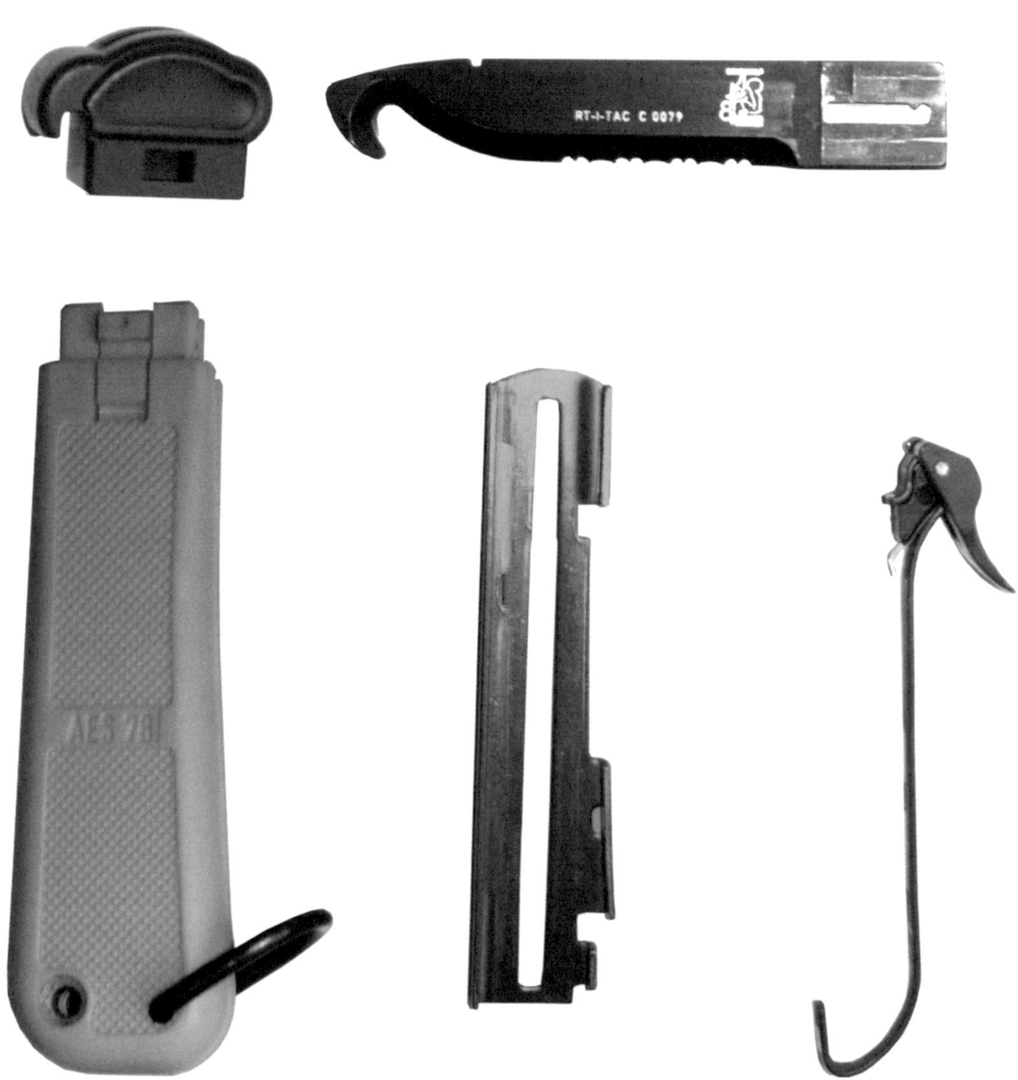

## Literatur

Faktor, Zdenek; Bouzek, Michal: Messer und Dolche. Hanau: Dausien, 1991.

Franz, Rüdiger: Für den Notfall: Deutsches Fliegerkappmesser M. 1937 und die englische Nachbildung. In: Deutsches Waffen Journal 12/2002, S. 68–71.

Hüsken, André: Katalog der Blankwaffen des Deutschen Reiches 1933–1945. Bremen: Hauschild, 2008. ((S. 96-97))

Hughes, Gordon; Jenkins, Barry; Buerlein, Robert: Knives of War. Boulder: Paladin Press, 2006. ((S. 90))

Ladd, James D.; Melton, Keith; Mason, Peter: Clandestine Warfare. London: Blandford Press, 1988.

Mann, Chris: Schlachten des Zweiten Weltkriegs. Bath: Parragon, 2009.

National Archives DEFE 2/1370: Illustrated List of special equipment produced by Chief of Combined Operations for amphibious operations, 1944.

National Archives: Rise and Fall of the German Air Force. Kew: The National Archives, 2008.

Pattarozzi, Mack A.: Luftwaffe Gravity Knife: A History and Analysis of the Flyer‘s and Paratrooper‘s Utility Knife. Atglen: Schiffer Publishing, 2006.

Pohl, Dietmar: Messer deutscher Spezialeinheiten. Stuttgart: Motorbuch Verlag 2005.

Stephens, Frederick J.: Kampfmesser. Stuttgart: Motorbuch Verlag, 1994.

von Halász, Eugen: Deutsche Kampfmesser. Melbeck: Patzwall, 1996.

von Halász, Eugen: Deutsche Kampfmesser: Band II. Melbeck: Patzwall, 2009.

von Halász, Eugen; Pohl, Dietmar; et al.: Vom Himmel hoch, da komm ich her. In: Visier Special „Militärmesser“, Nr. 12/1998, S. 57–61.

von Halász, Eugen; Pohl, Dietmar; et al.: ...grüßt den Rest der Welt. In: Visier Special „Militärmesser“, Nr. 12/1998, S. 92–97.

Wacker, Albrecht; Görtz, Joachim: Handbuch Deutscher Waffenstempel auf Militär- und Diensthandwaffen 1871–2000. Herne: VS-Books, 2005.

Whitfield, Ken: My Switchblade Knife Collection - Gravity Knives. Verfügbar über: http://www.autoknife.info/Gravity_knives_1.html [letzter Zugriff: 08.11.2011]

# Vom gleichen Autor:

**Wolfgang Michel**

## Das Fairbairn-Sykes Kampfmesser

Symbol britischer Guerillakriegsführung im Zweiten Weltkrieg

**Die archaisch wirkende Waffe steht symbolhaft für wagemutige Geheimoperationen, die Großbritannien während des Zweiten Weltkrieges in deutsch besetzten Ländern durchführte.**

**Dieses Buch bietet einen Überblick über die Entwicklung dieses millionenfach hergestellten Messers und den Lebenshintergrund seiner Erfinder. Außerdem untersucht es die Ursachen, die zur Aufstellung von Guerillaeinheiten in Großbritannien führten und welche Rolle das Messer dabei spielte.**

**Überdies bewertet es seinen Einsatz im historischen Kontext und untersucht, inwiefern das FS-Messer auch heute noch Bedeutung im militärischen oder zivilen Gebrauch besitzt.**

**Die Fachzeitschrift „Visier" (04/2008) meint:**
*„Alles in allem schließt sich durch dieses Werk endlich eine Lücke. Das gilt sowohl aus Sicht der an historischen Messern Interessierten wie auch derjenigen, die sich mit Commandos und ihrer Geschichte befassen."*

Wolfgang Michel: „Das Fairbairn-Sykes Kampfmesser"
Norderstedt: Books on Demand Verlag, 2007
ISBN: 978-3-8370-0877-7
19,90 Euro

**Bestellbar im Buchhandel oder versandkostenfrei bei www.amazon.de**

# Vom gleichen Autor:

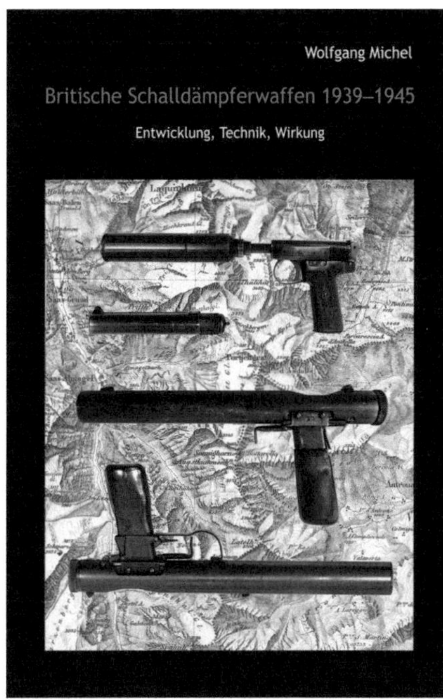


Wolfgang Michel

## Britische Schalldämpferwaffen 1939–1945

Entwicklung, Technik, Wirkung

**Großbritannien entwickelte während des Zweiten Weltkriegs eine Vielzahl von schallgedämpften Schusswaffen – weit mehr als alle anderen am Kampf beteiligten Länder. Über diese hochgeheimen Waffen, seien es Welrod-Pistole, De Lisle Karabiner oder die nahezu unbekannte Ärmelpistole „Sleeve Gun", waren harte Fakten in den Jahrzehnten nach Kriegsende selten zu finden und bald rankten sich um sie die merkwürdigsten Legenden. Durch Auswertung von in jüngster Zeit freigegebenen britischen Regierungsakten lüftet dieses Buch den Schleier der Geheimhaltung und vermittelt einen interessanten Einblick in die Waffentechnik dieser Zeit.**

**Erstmals in deutscher Sprache bietet „Britische Schalldämpferwaffen 1939–1945" einen Überblick über die Entwicklung und Verwendung von Schalldämpfern in Großbritannien während des Zweiten Weltkriegs. Es analysiert, inwieweit derartiges Schusswaffenzubehör bereits bei Kriegsbeginn verfügbar war und untersucht die technischen Lösungen, mit denen britische Ingenieure wesentliche Steigerungen bei der Dämpfungsleistung erzielten. Außerdem stellt es die Einsatzkräfte vor, für die diese Spezialwaffen vorgesehen waren und zieht Rückschlüsse auf deren Einfluss auf die alliierte Kriegstaktik.**

Wolfgang Michel: „Britische Schalldämpferwaffen 1939–1945"
Norderstedt: Books on Demand Verlag, 2009
ISBN: 978-3-8370-2149-3
19,90 Euro

**Bestellbar im Buchhandel oder versandkostenfrei bei www.amazon.de**

# Vom gleichen Autor:

Wolfgang Michel

## Die Liberator Pistole FP-45

Partisanenwaffe und Mittel zur psychologischen Kriegsführung

**Während des Zweiten Weltkriegs stellten die USA in Zusammenarbeit mit Großbritannien aus billigstem Material große Stückzahlen einer sehr einfach aufgebauten Pistole her. Sie hätte keinesfalls über einen längeren Zeitraum als Kampfwaffe eingesetzt werden können. Diese „Einwegpistole" wollten die Alliierten zu Tausenden über den von den Deutschen besetzten Ländern abwerfen, damit dort Zivilisten gegen die Nazis Widerstand leisten konnten.**

**Durch dieses Konzept der psychologischen Kriegsführung sollte nicht nur der Widerstand der unterdrückten Nationen angeheizt werden. Vielmehr wollten die Alliierten ihren Gegner mit einer massenhaften Volksbewaffnung konfrontieren. Denn die Deutschen hätten somit an der Front dringend benötigte Kräfte in das vermeintlich sichere Hinterland abkommandieren müssen.**

**Dieses Buch untersucht die Hintergründe der Entwicklung der hochgeheimen, als „Liberator Pistole" bekannten Waffe und legt ihre technischen Details sowie das Rätsel um ihre Herstellung offen. Auch die geplanten Einsatzszenarien, in denen sie eine Rolle spielen sollte, und die Gründe, die ihren Einsatz letztendlich verhinderten, werden beleuchtet.**

# Vom gleichen Autor:

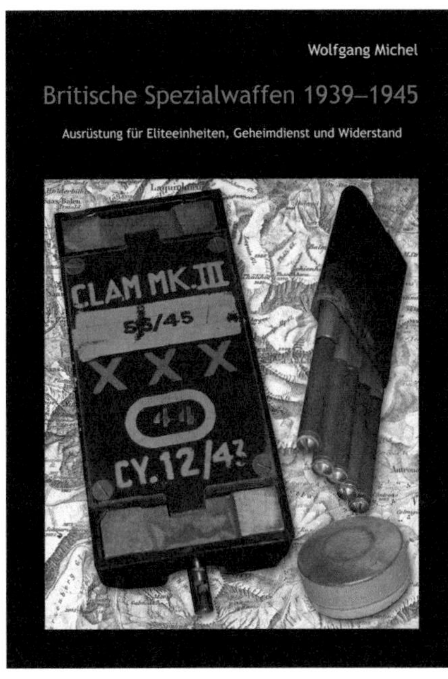


Wolfgang Michel

## Britische Spezialwaffen 1939–1945

Ausrüstung für Eliteeinheiten, Geheimdienst und Widerstand

**Die verdeckte Kriegsführung nahm im Verlauf des Zweiten Weltkrieges eine wichtige Rolle in der Strategie Großbritanniens und seiner Verbündeten ein. Dieses Buch stellt die Spezialwaffen vor, die das Inselreich dafür entwickelte und produzierte. Dies beinhaltet unter anderem Spreng- und Brandmittel, Zündsysteme, Handfeuerwaffen sowie allgemeine Ausrüstung.**

**Diese Gegenstände verhalfen nicht nur den britischen Eliteeinheiten dazu, ihre wagemutigen Kampfaufträge erfüllen zu können. Auch Geheimdienste nutzten die Objekte für Sabotageaktionen und Attentate. Die Widerstandsgruppen in den von den Achsenmächten besetzten Gebieten erhielten ebenfalls große Mengen Kriegsmaterial, das Großbritannien nicht selten speziell für diesen Zweck entwickelt und produziert hatte.**

**„Britische Spezialwaffen 1939–1945" enthält zudem erstmals den Nachdruck eines deutschsprachigen Sabotagehandbuches, mit dem die Briten Widerstandsgruppen in den Gebrauch der gelieferten Spezialkampfmittel einführten. Dieses Material bietet Sammlern und historisch Interessierten die Möglichkeit, den vorgesehenen Verwendungszweck dieser Ausrüstung im Detail zu verstehen und daraus Rückschlüsse auf die britischen Taktiken zur irregulären Kriegsführung zu ziehen.**

Wolfgang Michel: „Britische Spezialwaffen 1939–1945"
Norderstedt: Books on Demand Verlag, 2010
ISBN: 978-3-8423-3944-6
24,90 Euro

**Bestellbar im Buchhandel oder versandkostenfrei bei www.amazon.de**

# Vom gleichen Autor:

**Wolfgang Peter-Michel**

**Grabendolche**

Militärische Kampfmesser des Ersten Weltkriegs

**Der Erste Weltkrieg war durch die zunehmende Technisierung des Militärwesens geprägt. Aufgrund der großen Präzision und Feuerkraft, zu der sich Artillerie und Maschinengewehre entwickelt hatten, waren die Militärs überzeugt, dass dem Kampf auf große Entfernungen die Zukunft gehörte. Ein Zweikampf zwischen zwei Soldaten galt als unwahrscheinlich oder zumindest als Seltenheit. Doch das Gegenteil war der Fall: Der Bewegungskrieg der ersten Monate erstarrte alsbald zu einem Stellungskrieg. Ganze Armeen gruben sich in Schützengräben ein, die Befestigungswerke, die den ersten weltweiten Krieg des 20. Jahrhunderts prägten. Die Enge der Gräben führte zu einer der Industrialisierung des Kampfes gegenläufigen Entwicklung: War der Gegner in die eigenen Linien eingedrungen, so entschieden oft die besseren Nahkampfwaffen und -techniken das Duell. Dies führte zu einer Wiederentdeckung des Messers, das zuvor von den Militärs als Waffe totgesagt worden war.**

**Dieses Buch stellt die wichtigsten der während des Ersten Weltkriegs eingesetzten Kampfmesser vor. Das gilt sowohl für offiziell eingeführte wie auch von den Soldaten privat beschaffte Exemplare. Denn viele Armeen versorgten ihre Truppen zu spät oder in zu geringer Zahl mit geeigneten Blankwaffen.**